勿念过去 不惧将来

孙浩 著

中国华侨出版社

图书在版编目（CIP）数据

勿念过去，不惧将来 / 孙浩著．—北京：
中国华侨出版社，2017.5
ISBN 978-7-5113-6789-1

Ⅰ．①勿…　Ⅱ．①孙…　Ⅲ．①人生哲学－通俗读物　Ⅳ．①B821-49

中国版本图书馆CIP数据核字（2017）第092792号

● **勿念过去，不惧将来**

著　　者／孙　浩
责任编辑／文　蕾
封面设计／聂　辉
经　　销／新华书店
开　　本／710毫米×1000毫米　1/16　印张／16　字数／230千字
印　　刷／北京一鑫印务有限责任公司
版　　次／2017年7月第1版　2019年8月第2次印刷
书　　号／ISBN 978-7-5113-6789-1
定　　价／34.80元

中国华侨出版社　　北京市朝阳区静安里26号通成达大厦3层　　邮编100028
法律顾问：陈鹰律师事务所
编辑部：（010）64443056　　64443979
发行部：（010）64443051　　传真：64439708
网　址：www.oveaschin.com
E-mail：oveaschin@sina.com

前 言
preface

所罗门王做了一个梦，有位圣人告诉他一句至理名言，这句话涵盖了人类的所有智慧，能使他得意时不飞扬跋扈，失意时能百折不挠。话的内容是："这也会过去。"

人生一世，说得上"一帆风顺"者极少。从记事起，人就在得意与失意之间生活。得意时，如浸泡在蜜水之中，喜悦万分；失意时，如含黄连之汁，苦不堪言。对绝大多数人来说，失意的时候远多过于得意，如果不能善待，终日长吁短叹、泪流成河，久而久之，必然劳心志、伤体魄，终会误大事。

失意并不可怕，关键是，失意了别失态、别失形。因为"这也会过去"。

也许你的人生真的未必会如你期待般，一直有烟花绚烂飞满天，升得再高的烟火，也要划过天际坠向地面。如果你仅仅希望在快乐、顺心的时候你自己的生命才参与其中，那就是对生活的最大浪费，因为花花世界，有喜有悲才是真实和全部。

那个好命的姑娘以及那个命好的小伙，曾经手里攥着的，是

跟你那张一模一样的生活入场券。他们过得那么自在精彩，正是因为经过悲伤、烦恼的舞台时，他们同样奋力演出，积攒成长的筹码。只有这样才能更快进化升级，奔向快乐、兴奋、奇妙美好的新天地。

而你，只愿意流着眼泪在人生的舞台前踟蹰，伤感过去的同时恐惧着未来，却始终不愿意承认停滞不前根本无法载你去目的地。

你给自己的人生绑上了绳子，有了太多的束缚，给自己的思想蒙上了灰尘，不够洁净纯粹。每一种人生都可以演绎得精彩，这种精彩与他人无关，只关乎自己的内心。当你明明感觉到"可以"，直觉告诉你 No，未来会如何如何的时候，你该何去何从？

——走到生命的哪一个阶段，都该喜欢那一段时光，完成那一阶段该完成的职责，顺生而行，不沉迷过去，不戚戚地恐惧未来，生命这样就好。不管正经历着怎样的挣扎与挑战，或许我们都只有一个选择：虽然痛苦，却依然要快乐，并相信未来。

老天给了每个人一条命、一颗心，把命照看好，把心安顿好，人生即是圆满。

目 录
contents

为什么有些伤，你总是念念不忘

伤痕，也许只有你自己看得到。只要你对那些伤痕熟视无睹，它们根本就不痛不痒。你没有必要非把伤痛一次次揭给别人看，没有人非要探究你的隐秘，除非你自己不愿忘记，否则一切伤痛都微不足道。

情商就是不要为别人的错误买单

我们常说，"气死我了，他怎么可以这样"。若仔细品味，就会发现，其实是别人犯了错误，但受折磨的是我们自己。这就是情商低的表现。什么叫情商高？任何时候，我们也不要为对方的错误买单。

给不了你现在的人，也给不了你将来

一件事，就算再美好，一旦没结果，就不要再纠缠，久了你会累，会倦；一个人，就算再留恋，如果抓不住，就适时放手，久了你会神伤，会心碎。有时，放弃才是明智，你错失了夏花绚烂，将会走近秋叶静美。任何事、任何人，都会成为过去，不要跟它过不去，无论多难，我们都要学会抽身而退。

不许哭，这个世界从来不曾对谁温柔过

每天，都有些事情像爆竹一样在我们身边"噼噼啪啪"炸开，有些人被炸伤，有些人躲开了。如果你被炸伤了，"不要哭，很难看，哭也不会改变什么，这个世界从来不曾对任何人温柔过。"

爱自己，才是终身浪漫的开始

如果我们爱自己，自然也会爱别人。爱自己是一个人得以生存和发展下去的唯一力量。爱自己并不是爱一个理想化的自己，而是爱自己的所有方面——自己的优点和缺点、自己的长处和短处、自己的梦想以及自身的一切矛盾。爱自己是：即使我们觉得自己很懦弱、很笨或者很难看，我也依然爱自己。

你感到迷茫时，会是一个绝佳的起点

我们恰巧都处在了一个不高的起点上，被迫开始各种人生竞赛；更糟糕的是，发令枪响起时，我们常常还处于懵懂之中，想努力，却又不知道怎么使劲。这个时候，不管好坏，先设定一个目标，再朝着这个目标行动起来。在后面的努力中，你可以不断回顾、修正最初的目标，你会发现自己正慢慢朝着正确的方向行驶，哪怕走的是一条当初根本无法预料的航道。

所有的安全感,都来源于你的不断积累

得到命运垂青之前,那些"好命"的人都经过了长期、艰苦的奋斗。他们之所以比别人命更好,是因为他们较之常人为此进行了更为漫长和充分的准备工作。他们就像一颗颗种子,在黑暗的泥土里积蓄营养和能量,一旦听到春风的呼唤,就会破土而出,生长成挺拔俊秀的栋梁之材。

跨不过去才是苟且，跨过去就是远方

生活总有千般苦，既然我们做不到挥手出红尘，就要在生活中学会微笑。不要去抱怨命运多舛、造化弄人。关键要调整自己的心态，用心去发现生活中的善和美。在没有阳光普照的日子里，要学会温暖自己，使自己变得坚强，使心灵充满希望。

万箭穿心，也要努力活得光芒万丈

任何苦难中都蕴藏着丰富的人生财富，可惜太多的人都只看到了表面的痛楚，一心沉浸在悲伤中，忘记了去穿透那层蒙蔽双眼的沙雾，迎接其深处的灿烂。我们期待着你，脱胎换骨，也同样期待着我们都成为那样一种人，哪怕是万箭穿心，也要活得光芒万丈。

为什么有些伤，你总是念念不忘

伤痕，也许只有你自己看得到。只要你对那些伤痕熟视无睹，它们根本就不痛不痒。你没有必要非把伤痛一次次揭给别人看，没有人非要探究你的隐秘，除非你自己不愿忘记，否则一切伤痛都微不足道。

谁还在伤痕里执迷不悟

人生的成或败、喜或悲，有相当一部分取决于自己的心态。一个人心里想着快乐的事情，他就会变得快乐；心里想着伤心的事情，心情就会变得灰暗。那么，为何不放下烦恼呢？快乐有时候很简单，就是把过去的而且没有多少意义的事情放下。

著名哲学家周国平写过一个寓言：

有一位少妇忍受不住人生苦难，遂选择投河自尽。恰恰此时，一位老艄公划船经过，二话不说便将她救上了船。

艄公不解地问道："你年纪轻轻，正是人生当年时，又生得花容月貌，为何偏要如此轻贱自己、要寻短见？"

少妇哭诉道："我结婚至今才两年时间，丈夫就有了外遇，并最终遗弃了我。前不久，一直与我相依为命的孩子又身患重病，最终不治而亡。老天待我如此不公，让我失去了一切，你说，现在我活着还有什么意思？"

艄公又问道："那么，两年以前你又是怎么过的？"

少妇回答道："那时候自由自在，无忧无虑，根本没有生活的苦恼。"她回忆起两年前的生活，嘴角不禁露出了一抹微笑。

"那时候你有丈夫和孩子吗？"艄公继续问道。

"当然没有。"

"那么，你不过是被命运之船送回到两年前，现在你又自由自在，无忧无虑了。请上岸吧！"

少妇听了艄公的话，心中顿时敞亮了许多，于是告别艄公，回到岸上，看着艄公摇船而去，仿佛如做了个梦一般。从此，她再也没有产生过轻生的念头。

无论是快乐抑或是痛苦，过去的终归要过去，强行将自己困在回忆之中，只会使你备感煎熬！无论明天会怎样，明天终会到来，若想明天活得更好，就必须以积极的心态去迎接它。即便曾经一败涂地，也不过是被生活送回到了原点而已。

其实，每个人的一生都是在不断地得失中度过的，所有不如意和不顺心，其实都与得失之间的心理调适有关系。人生如白驹过隙，如果我们在伤痕里执迷不悟，是否太亏欠这似水年华呢？学会淡忘，学会洒脱，人生才会有属于自己的精彩。

进一步说，这些心理上的包袱虽然只属于你自己，但它却会令很多人担心不已，这其中包括你的父母、你的妻儿、你的朋友……有些时候，纵使放不下也要放，多愁善感不但会伤害你自己，同时还会伤害那些关心你的人。难道，你真的舍得他们每日看着你郁郁寡欢的样子痛心不已吗？

好记性其实也是一种病

人的本性中有一种叫作记忆的东西，美好的容易记住，不美好的则更容易记住。所以大多数人都会觉得自己不是很快乐。那些觉得自己很快乐的人是因为他们把快乐的记住，把不快乐的忘记了。这种忘记的能力就是宽容。生活中，常常会有许多事让我们心里难受。那些不快的记忆如鲠在喉。而且越想越觉得难受，不如把心放得宽一点，忘记那些不快的记忆，这是对别人，也是对自己的宽容。

有一位百岁高龄的老奶奶，她思维敏捷，耳聪目明，面色红润。人们惊叹之余，开始请教她长寿的秘诀。老人笑呵呵地说："多吃素食，性格开朗，心情豁达；凡事能拿得起，更要放得下……。"老奶奶强调最多的就是要学会忘记痛苦，忘记烦恼，忘记仇怨，要乐善好施，要铭记恩情。

如果把所有的事情都缠绕在心上，时常想起，总会时常痛苦。所以，与其纠结于心，不如看淡、看轻。生活的真谛在于宽恕与忘记。宽恕那些伤害过我们的人和事，忘记那些不值得铭记的东西。

忘记是心态的调和，更是生命的沉淀。

其实，忘记与铭记是一对孪生兄弟，二者不可偏取其一，否则必遭极端之苦，必受偏废之痛。所以，我们在忘记的同时也需要有一些铭记，铭记生活中的美好，铭记值得铭记的事，要把该忘记的统统忘记。

这世上没有什么放不下的

最美的风景不在眼里，而在心里；最好的情怀不在眼下，而在心上。心灵的内存有限，只好放下过去。释放新的空间，才能装下更多新的美好的东西。放下时的割舍是疼痛的，疼痛过后却是轻松。

某人情感受挫，遭遇女朋友的背叛，事业上又遭遇桎梏，他为此忧伤满腹，常借酒精来麻醉自己。

家族中一长者得知这种情况，主动前来劝慰，但奈何说尽良言，该人始终不为所动，依旧满脸哀愁。最后该人说道：

"您不用再说了，我都明白，但我就是放不下一些人和事。"

长者道："其实，只要你肯，这世间的一切都是可以放下的。"

"有些人和事我就是放不下！"该人似乎有点不耐烦。

长者取来一只茶杯，并递到该人手中，然后向杯内缓缓注入热水。水慢慢升高，最后沿着杯口外溢出来。

该人持杯的手马上被热水烫到，他毫不迟疑地松开了手，杯子应声落地。

长者似在自语："这世间本没有什么放不下的，真的痛了，你自然就会放下。"

该人闻言，似有所悟……

是的，这世间本没有什么是放不下的，真的痛了，你自然就会放下！

在一些人看来，有些事似乎是永远放不下的，但事实上，没有人是不可替代的，没有任何事物是必须紧握不放的，其实我们所需要的仅仅是时间而已。或许有人要问——有没有一种方法，能让人在放下时不会感到疼痛？答案是否定的，因为只有在真正感到痛时，你才会下决心放下。

不要刻意去遗忘，更不要长期沉浸于痛苦之中。

人生短暂，根本不够我们去挥霍，在人生的旅程中，每一段消逝的感情，每一份痛苦的经历，都不过是过客而已，都应该坦然以对。我们所要做的是珍惜现在，做自己喜欢做、该做的事情，过好人生中的每一天。

别把自己困在从前的日子里

不能尽快适应新环境，就会导致过分的怀旧。一些人在人际交往中只能做到"不忘老朋友"，但难以做到"结识新朋友"，个人的交际圈也大大缩小。此类过分的怀旧行为将阻碍着人去适应新的环境，使你很难与时代同步。回忆是属于过去的岁月的，一个人应该不断进步。我们要试着走出过去的回忆，不管它是悲还是喜，不能让回忆干扰我们今天的生活。

张雯雯是某校一名普通的学生。她曾经沉浸在考入重点大学的喜悦中，但好景不长，大一开学才两个月，她已经对自己失去了信心，连续两次与同学闹别扭，功课也不能令她满意，她对自己失望透了。

她自认为是一个坚强的女孩，很少有被吓倒的时候，但她没想到大学开学才两个月，自己就对大学四年的生活失去了信心。她曾经安慰过自己，也无数次试着让自己抱以希望，但换来的却只是一次又一次的失望。

以前在中学时，几乎所有老师跟她的关系都很好，很喜欢她，

她的学习状态也很好，学什么会什么，身边还有一群朋友，那时她感觉自己像个明星似的。但是进入大学后，一切都变了，人与人的隔阂是那样的明显，自己的学习成绩又如此糟糕。现在的她很无助，她常常这样想：我并没比别人少付出，并不比别人少努力，为什么别人能做到的，我却不能呢？她觉得明天已经没有希望了，她想难道12年的拼搏奋斗注定是一场空吗？这对自己来说太不公平了。

进入一个新的学校，新生往往会不自觉地与以前相对比，当困难和挫折发生时，产生"回归心理"更是一种普遍的心理状态。雯雯在新学校中缺少安全感，不管是与人相处方面，还是自尊、自信方面，这使她长期处于一种怀旧、留恋过去的心理状态中，如果不去正视目前的困境，就会更加难以适应新的生活环境、建立新的自信。

一个人适当怀旧是正常的，也是必要的，但是因为怀旧而否认现在和将来，就会陷入怪圈。不要总是表现出对现状很不满意的样子，更不要因此过于沉溺在对过去的追忆中。当你不厌其烦地重复述说往事，述说着过去如何如何时，你可能忽略了今天正在经历的体验。把过多的时间放在追忆上，这会影响你的正常生活。

我们需要做的是尽情地享受现在。过去的再美好抑或再悲伤，那毕竟已经因为岁月的流逝而沉淀。如果你总是因为回忆昨天而错过今天，那么，在不远的将来，你又会回忆着今天的错过。在这样的恶性循环中，你永远是一个迟到的人。不如积极参与现实生活，如认真地读书，广泛地交友，了解并接受新生事物，顺应时代潮流，不能老是站在原地思考问题。如果对新事物立刻接受有困难，可以在新旧事物之间寻找一个最佳的结合点，再从这个点上做起。

说穿了，回到从前也只能是一次心灵的谎言，是对现在的一种不负责任的敷衍。史威福说："没有人活在现在，大家都活着为其他时间做准备。"所谓"活在现在"，就是指活在今天，今天应该好好地生活。其实这并不是一件很难的事，我们都可以做到。

悲欢离合是红尘，坎坎坷坷是人生

起落人生，有美好时刻，也有执手相看泪眼的瞬间。时光流转，如梦如幻。总是在得与失之间徘徊，失望之情不能平复，因而备感忧伤。

很多时候，生活的确是充满了无奈，甚至会让人觉得是一种折磨、一种煎熬。然而，它又不可避免。或许，你有一二知己，却远隔他乡；或许你有知心爱人，却天涯相望；或许你才华横溢，却命比纸薄；或许你义胆侠肝，却屡逢宵小……总之，人生不会圆满，人人都要尝尽人生之无奈、生活之坎坷。这个时候，拿掉自己脖子上的十字架，就是等于给自己恢复自由身，尤其是在爱情

的"故事"里。

一位美国朋友带着即将读大学的孩子去欧洲旅行，因为那里留有他青春的痕迹。旧地重游，很是亲切，还有一缕说不出的伤感，因为曾失却的爱，就在这里。

和儿子进入大学城内的餐厅用餐，才刚坐下，父亲即面露惊讶的神色。原来，这家餐厅的老板娘，竟是当年他在此求学时追求的对象。

二十多年岁月变更，当年的粉面桃花早已不再。父亲告诉儿子说，她是一家酒吧主人的千金，她的笑容与气质深深地吸引着他。虽然女孩父亲反对他们往来，但两颗热恋的心早已融化所有的障碍，他们决定私奔。

这位美国朋友托友人转交一封信给女孩，约定私奔的日期和去向。很遗憾，他等了一天，却没看到女孩出现，只看见满天的星辰在嘲弄着他。他只好带着一张毕业证书回到美国。

儿子听得如痴如醉。突然，他问父亲，当年他在信上如何注明日期。因为美国表示日期的方式是先写月份，后写日期。而欧洲是先写日期，再写月份。

父亲恍然大悟，原来自己约定的日期10月11日，女孩却是欧洲的读法，判断为11月10日。一个月的时序误会，因而错失一段美好的姻缘。

20多年来，他一直想用恨来冲淡想念；20多年来，那女孩呢？她一定也在恨那个"薄情郎"。这位年近50岁的美国朋友，很想走过去，告诉老板娘：我们都错了，只为一个日期的误读，不为爱情。

两个对的人，却在错的时候，彼此爱上了一回。

最终，这位父亲没有站出来揭开谜底，只是默默地买单，然后轻松地回家。因为他在心中彻底地为一个爱情中的无辜女主角昭雪。

把相恋时的狂喜化成披着丧衣的白蝴蝶，让它在记忆里翩然飞去，永不复返，净化心湖。与绝情无关——唯有淡忘，才能在大悲大喜之后炼成牵动人心的平和；唯有遗忘，才能在绚烂已极之后历炼出处变不惊的恬然。

自己的人生应当自己把握，无论如何，都不要被生命中的悲欢离合、坎坎坷坷困住。命运对待每个人都很公平，它为你关上一扇门的同时，必然会为你打开一扇窗，能不能让人生充满阳光，就要看我们是躲在阴暗的角落里默默哭泣，还是积极地寻找那扇窗，推开它，去迎接阳光。

赵申玉拥有一个称得上完美的家庭：丈夫杨子诺事业有成，儿子杨峰品学兼优，双方父母都身体健康，她自己则在家里当一名养尊处优的全职太太。她对自己的生活状态很满意，觉得生活就是这样，已经没有什么遗憾了。

可是上天看不得她享受幸福生活，一场突如其来的变故打碎了她的幸福。

财务部经理卷走了丈夫公司所有的钱，给杨子诺留下了一个烂

摊子：没有资金周转，公司已经无法运转；有债务关系的纷纷上门要债，声称不还就诉诸法律。公司陷入了生死两难的境地，杨子诺背负着巨大的压力。

遇到的问题虽困难，可是终会有解决的办法，丈夫杨子诺是个很有能力的人，所以赵申玉并没有很恐慌。可是巨大的压力令杨子诺心脏病突发，他骤然离开了人世，把所有的担子都压到了赵申玉的身上。

赵申玉一下子蒙了，长期的安逸生活让她不知如何应对这场变故。丈夫的离世、公司的难题，都让她心力交瘁，她甚至想追随丈夫而去。可是她看看双鬓斑白的老人，想想还未成年的儿子，她无法撒手西去，她必须挑起这副沉重的担子。她已经想尽办法筹钱，可是这个时候无人伸出援助之手。看着堵住家门的债主，赵申玉苦不堪言。她费尽口舌向众人解释，希望可以多宽限些时日。或许是看在她孤儿寡母的份儿上，众人没有过分地难为她，最后答应给她一些时间让她再想办法。

债务的问题暂时解决了，可公司还是一个烂摊子。没有周转的资金，赵申玉只好把自己的房子做了抵押，用微薄的资金支撑起公司的运作。公司勉强运作起来了，可是人员也快流失光了，大部分人都不愿待在风雨飘摇的公司里，只有少数的几个人留了下来。

因为公司停止了一段时间，所以想要恢复以前的运作需要花费很大的精力，而且赵申玉对公司的业务是完全陌生的，所有的东西她都要从头学起。

接下来的日子，赵申玉一边虚心向公司老员工求教，一边照顾老人孩子，高强度的劳作让她疲惫不堪。可是看到渐渐有起色的公司和安稳的家庭，她把所有的苦都咽进肚子里，然后继续努力。

经过两年的艰苦努力，赵申玉还清了所有债务，公司也重新步入了正轨。

此时的赵申玉，已不再是当年的悠闲主妇，而变成了一位坚强、能干的女强人。苦难没有打倒她，反而为她展示了一番新的天地。

挫折可以使人成熟，坎坷可以使人脱胎换骨。如果说之前你一直在被动地接受命运，那么从现在起就要主动地创造命运。对于坚强者而言，无论多少悲欢离合、无论多少坎坎坷坷，都不可怕，它们只是幸福的前奏曲。

时间滑过的伤疤叫成长

人生就是一种承受，你能在负重中前行、障碍中奋进，那么无论走到哪里，你都能够支撑自己。所以失败时就多给自己一些激励，孤独时就多给自己一些温暖，让自己的心灵轻快些，让自己的精神轻盈些。因为你心情的颜色会影响世界的颜色。如果我

们对生活抱有一种达观的态度，就不会稍不如意便自怨自艾，只看到生活中不完美的一面。我们身边大部分终日苦恼的人，或者说我们本人，实际上并不是遭受了多大的不幸，而是自己的内心素质存在着某种缺陷，对生活的认识存在偏差。

有位朋友前去友人家做客，才知道友人 3 岁的儿子因患有先天性心脏病，最近动过一次手术，胸前留下一道深长的伤口。

友人告诉他，孩子有一天换衣服，从镜子中看见疤痕，竟骇然而哭。

"我身上的伤口这么长！我永远不会好了。"她转述孩子的话。

孩子的敏感、早熟令他惊讶；友人的反应则更让他动容。

友人心酸之余，解开自己的裤子，露出当年剖腹产留下的刀口给孩子看。

"你看，妈妈身上也有一道这么长的伤口。"

"因为以前你还在妈妈肚子里的时候生病了，没有力气出来，幸好医生把妈妈的肚子切开，把你救了出来，不然你就会死在妈妈的肚子里面。妈妈一辈子都感谢这道伤口呢！"

"同样地，你也要谢谢自己的伤口，不然你的小心脏也会死掉，那样就见不到妈妈了。"

感谢伤口！——这 4 个字如钟鼓声直撞心头，那位朋友不由低下了头，检视自己的伤口。

它不在身上，而在心中。

那时节，这位朋友工作屡遭挫折，加上在外独居，生活寂寞无依，更加重了情绪的沮丧、消沉，但生性自傲的他不愿示弱，便企图用光鲜的外表、悍强的言语加以抵御。隐忍内伤的结果，终至溃烂、化脓，直至发觉自己已经开始依赖酒精来逃避现状，为了不致一败涂地，才决定举刀割除这颓败的生活，辞职搬回父母家。

如今伤势虽未再恶化，但这次失败的经历却像一道丑陋的疤痕，刻画在胸口。认输、撤退的感觉日复一日强烈，自责最后演变为自卑，使他彻底怀疑自己的能力。

好长一段时日，他蛰居家中，对未来充满畏惧，他裹足不前，迟迟不敢起步出发。

朋友让他懂得从另一方面来看待这道伤口：庆幸自己还有勇气承认失败，重新来过，并且把它当成时时警惕自己，匡正以往浮夸、矫饰作风的记号。

他觉得，自己要感谢朋友，更要感谢伤口！

我们应该佩服那位妈妈的睿智与豁达，其实她给儿子灌输的人生态度，于我们而言又何尝不是一种人生的指导？人活着，总不能流血就喊痛，怕黑就开灯，想念就联系，疲惫就放空，被孤立就讨好，脆弱就想家，人，总不能被黑暗所吓倒，人，终究还是要长大，最漆黑的那段路终是要自己走完。

抱怨遮住了追求幸福的眼睛

快乐与不快乐完全取决于我们对于生活和人生的态度。

有一则小幽默说，同样一个甜甜圈，在有些人眼中，因为它是甜甜圈，所以会觉得可口，所以感觉很开心；而在另外一些人眼中，因为它中间缺了一个洞，就会觉得遗憾而变得不开心。所以，快乐与不快乐完全是由我们自己决定的，而真正的快乐是从心底流出的。

有两个一起长大的孩子因为特殊原因失去了父母，后来都被来自欧洲的外交官家庭所收养。两个人都上过世界著名的学校。但他们两个人之间却存在着不小的差别：其中一个 30 多岁就成了成功的商人，而另一个在国内某所学校任教，待遇不错，但他一直觉得自己很失败。

2010 年，那位在欧洲经商的孩子回国了，邀请亲朋好友一起吃饭，也包括在国内任教的那个孩子。晚餐在寒暄中开场了，大家谈论着这些年各自的发展变化以及所经历的趣闻轶事。随着话题的一步步展开，那位教师开始越来越多地讲述自己的不幸：他是一个如何可怜的孤儿，又如何被欧洲来的父母领养到遥远的地方，他觉得自己是如何的孤独。他怀着一腔报国的热忱回国，又是如何不被重视等。

开始的时候，大家都表现出了同情。随着他的怨气越来越重，那位经商的孩子变得越来越不耐烦，终于忍不住制止了他的叙述："够了！你一直在讲自己有多么不幸。你有没有想过，如果你的养父母当初在成百上千个孤儿中挑了别人又会怎样？"教师直视着他的发小、那个经商的孩子说："你不知道，我不开心的根源在于……"然后接着描述他所遭遇的不公正待遇。

最终，经商的孩子说："我不敢相信你还在这么想！我记得自己 25 岁的时候无法忍受周围的世界，我恨周围的每一件事，我恨周围的每一个人，好像所有的人都在和我作对似的。我很伤心无奈，也很沮丧。我那时的想法和你现在的想法一样，我们都有足够的理由报怨。"他越说越激动。"我劝你不要再这样对待自己了！想一想你有多幸运，你不必像真正的孤儿那样度过悲惨的一生，实际上你接受了非常好的教育。你负有帮助别人脱离贫困旋涡的责任，而不是找一堆自怨自艾的借口把自己围起来。在摆脱了顾影自怜，同时意识到自己究竟有多幸运之后，我才获得了现在的成功！"

那位教师深受震动。这是第一次有人否定他的想法，打断了他的凄苦回忆，而这一切回忆曾是多么容易引起他人的同情啊！

经商的孩子很清楚地说明，他们二人都曾在同样的环境下历经挣扎，不同的是，他通过清醒的自我选择，让自己看到了有利

的方面，而不是不利的阴影。

有句话说得好，"凡墙都是门"，即使你面前的墙将你堵得无路可走，你也依然可以把它视作你的一种出路。琐碎的日常生活中，每天都会有很多事情发生，如果你一直沉溺在已经发生的事情中，不停地抱怨，不断地指责，你的心境就会越来越沮丧。只懂得抱怨的人，注定会活在迷离混沌的状态中，看不见前面明朗的人生天空。

别把自己的过错当成罪过

终日想着那些不幸的经历和已经犯下的错误，只会加剧自身的伤痛，让人对未来的看法越来越黑暗，心也越来越焦虑。

如果想让自己的心欢喜一些，就设法忘记那些因一时过错而带来的不幸和伤害。过去的成功也好、失败也罢，都不能代表现在和未来。可以说人的一生是由无数的片段组成，而这些片段可以是连续的，也可以是风马牛不相及的。说人生是连续的片段，无非是人的一生平平淡淡、波澜不惊，过着循环往复的日子；说人生是不相干的片段，因为人生的每一次经历都属于过去，在下一秒我们可以重新开始，可以忘掉过去的不幸、忘掉过去自己的不如意。

在雨果不朽的名著《悲惨世界》里，主人公冉·阿让本是一个勤劳、正直、善良的人，他穷困潦倒，度日艰难。为了不让家人挨饿，迫于无奈，他偷了一个面包，被当场抓获，判定为"贼"而锒铛入狱。

出狱后，他到处找不到工作，饱受世俗的冷落与耻笑。从此他真的成了一个贼，顺手牵羊，偷鸡摸狗。警察一直都在追踪他，想方设法要拿到他犯罪的证据，以把他再次送进监狱，他却一次又一次逃脱了。

在一个风雪交加的夜晚，他饥寒交迫，昏倒在路上，被一个好心的神父救起。神父把他带回教堂，但他却在神父睡着后，把神父房间里的所有银器席卷一空。因为他已认定自己是坏人，就应该干坏事。不料，在逃跑途中，被警察逮了个正着，这次可谓人赃俱获。

当警察押着冉·阿让来到教堂，让神父辨认失窃物品时，冉·阿让绝望地想："完了，这一辈子只能在监狱里度过了！"谁知神父却温和地对警察说："这些银器是我送给他的。他走得太急，还有一件更名贵的银烛台忘了拿，我这就去取来！"

冉·阿让的心灵受到了巨大的震撼。警察走后，神父对冉·阿让说："过去的就让它过去，重新开始吧！"

从此，冉·阿让洗心革面，重新做人。他搬到一个新地方，努力工作，积极上进。后来，他成功了，毕生都在救济穷人，做了大量对社会有益的事情。

我们习惯于淡忘生命中美好的一切，而对于痛苦的记忆，却总是铭记在心。难道真是因为痛苦会令我们记忆深刻吗？当然不是，这完全是出于我们对过去的执着。其实，昨日已成昨日，昨日的辉煌与痛苦，都已成为过眼云烟，我们何必还要死守着不放？将失意放在心上，它就会成为一种负担，容易让我们形成一种思维定势，结果往往令人依旧沉沦其中，甚至是走向堕落。如果能倒掉昨日的那杯茶，人生才能飘溢出新的茶香。

与其懊悔内疚，不如尽力补救

没有一个人是没有过失的，有了过失之后只要勇于去改正，前途依然光明，但若徒有感伤而不从事切实的补救工作，则是最要不得的！

偏偏，很多人容易被负疚感左右。当然，其来源也各有不同。但最早真正可以让你感到愧疚的人，一定是你很爱的人。比如，你的父母、孩子、亲人、配偶和挚友。因此，愧疚最早与爱有关，这是一个人产生愧疚的早期根源。

愧疚的人总是习惯为痛苦"买单"。一旦生活中发生了不愉快的事情，他们的第一反应就是反省自己，有了"愧疚"的痛苦感受，他们往往很难做出客观判断，因而相对的反应也往往是不客观的、盲目的。

赫莉的母亲很早便守寡，她勤奋工作，以便让赫莉能穿上好衣服，在城里较好的地区住上令人满意的公寓，能参加夏令营，上名牌私立大学。她为女儿"牺牲"了一切。当赫莉大学毕业后，找到了一个报酬较高的工作。她打算独自搬到一个小型公寓去，公寓离母亲的住处不远，但人们纷纷劝她不要搬，因为母亲为她做出过那么大的牺牲，现在她撇下母亲不管是不对的。赫莉认为他们说得对，便同意与母亲住在一起。

后来她喜欢上了一个男子，但她母亲不赞成他们交往，她和母亲大吵一架后离家出走了，几天后听人们说母亲因她的离家而终日哭泣，内疚感再一次占了上风。她向母亲让步了。几年后，赫莉完全处于她母亲的控制之下。最终，她因负疚感造成的压抑毁了自己。

极端愧疚的人，实际上是生活在别人阴影中的人，不能够真切地感受自我，久而久之，他甚至会导致心理疾病的产生，严重的甚至觉得自己不配活在这个世界上。

相比之下，哈蒙的情况就要好很多。

哈蒙是一位商人，长年在外经营生意，少有闲时。当有时间与全家人共度周末时，他非常高兴。

他年迈的双亲住的地方，离他的家只有一个小时的路程。哈蒙也非常清楚自己的父母是多么希望见到他和他的家人。但是他

总是寻找借口尽可能不到父母那里去，最后几乎发展到与父母断绝往来的地步。

不久，他的父亲死了，哈蒙好几个月都陷于内疚之中，回想起父亲曾为自己做过的许多事情，他埋怨自己在父亲有生之年未能尽孝心。在悲痛平定下来后，哈蒙意识到，再大的内疚也无法使父亲死而复生。认识到自己的过错之后，他改变了以往的做法，常常带着全家人去看望母亲，并同母亲保持电话联系。

其实，内疚也可以说是人之常情，或许每个人都曾内疚过，我们的生活那么复杂，我们在经历学业、事业以及家庭琐事时，难免会做错事，那么，就一定要内疚下去吗？千万不要这样，这是很可怕的事情，它会让你的生活失去绚丽的色彩。退一步说，即便深陷这后悔的自责之中，又有什么用？我们是不是该为自己的过错做点什么，如果你能尽力补救，相信你的心就会好过一些。

从另一方面说，内疚或许不完全是坏事，因为它确实可以让人变得更加成熟，也可以让人在今后的日子中减少痛苦并更有能力去摆脱痛苦。但可怕的是，因为内疚而"走火入魔"，乃至痛恨自己、厌恶自己，直至厌恶了整个世界的大有人在。其实，这更是一种不负责，是对自己、对亲友，乃至对曾被你伤害过的人的不负责。所以说，人应该学会释放，不要深陷后悔的自责当中，应该振奋精神，积极补救，这才是当下最应该做的事情。

别让阴影成为人生的一部分

人生的一切变化都由光明和阴影构成。光明与阴影相互交融，光明背面是阴影，而阴影尽头有光明。

一个人，如果一辈子走不出阴影，伴随一生的就是噩梦，谁的心遮住了阳光，阴影便和谁狭路相逢。

可还记得写下"我有一所房子，面朝大海，春暖花开"这一绝妙诗句的天才诗人海子？为何一个才华横溢、享有盛名的天才选择卧轨自杀？或许，因为他没有悟透光明与阴影，只看到了社会的阴影，放大了阴暗，所以，他把自己与这个世界隔离开来，郁郁寡欢，最终，上演了人生的悲剧。

生活的快乐与悲伤，一直都在我们的思想里。忽视光明的存在，只看到阴影的人是注定不能快乐的，战胜不了心中的阴影，我们终将无法走到阳光下。

有一种鱼，叫仙胎鱼。仙胎鱼在水中游动异常灵敏，再加上身体透明，在水中极难辨认，外行人想捕到仙胎鱼，简直就像摘星一般难。

然而，反应灵敏的仙胎鱼，却被内行的渔人大量捕捉。

渔人捕捉仙胎鱼的方法很简单，只要两个人各划一只木筏，在河中央相对拉开距离，再用一根粗麻绳贴着水面系在两只木筏中间。然后，两人同时划着木筏，缓缓往岸上靠。而在岸上等着的渔人一见木筏快靠岸了，便纷纷拿起渔网，到岸边就能轻易地捞起仙胎鱼。

为什么只用一根贴在水面上的绳就能把鱼赶到岸边呢？

原来，仙胎鱼有一个致命的弱点：只要一有影子投射在水中，它们便宁死也不敢靠近了。水中一根绳子的阴影，竟把仙胎鱼赶进了死胡同。

每个人的过去，都沉淀着一些不够美好的回忆，让我们为之纠缠，空耗着青春与生命。如果一见到阴影就胆怯、退缩，那么，一抹小小的阴影，也会堵死人生的一切出路。

不要让自己害怕阴影，更不要让自己活在阴影里，不管是自己的，还是别人的。

生命是无常的，你要学会接受它

人生的罗盘常常改变方向，时而南辕北辙，时而相隔千里，难免有些许波折，但生命原本就是如此。

这个世界，有白天就有黑夜，有好就有坏，有对就有错，有生就有死，有天堂也有地狱，因此不必害怕人生无常，反而要勇敢地接受无常，迎接它令人欢喜的一面，也接受它使人痛苦的另一面。

去年初秋，亚丽的老公扬子接了长途电话之后，转过身来对她说："你父亲被送去急诊，是严重的心脏病。"亚丽能看得出他虽然内心恐惧，但又竭力表现出很冷静的样子。

"爸病得这么厉害吗？"扬子带着亚丽飞速驱车赶往机场时，她心里在祈祷，"老天，请让爸爸活下去吧！"

当她走进病房时，母亲一句话也没说。她们默默地抱在一起。亚丽坐在母亲的身边祈祷着："让爸爸活下去吧！"

在整整3个星期里，她和妈妈就这样日夜守护着父亲。有一天早晨，爸爸恢复了知觉，他还握住了亚丽的手。他的心脏虽然稳定了，但其他问题又出现了。凡是亚丽不和父亲或母亲在一起时，她就在心里祷告着同一句话："让爸爸活下去吧！"

祝愿康复的卡片从各地寄来。一天晚上，她接到扬子寄来的一张——这是"我们的"卡片，上面写着："要相信老天的答案，亲爱的。"

亚丽站在那里，手里攥着一张弄皱了的卡片，一会儿哭，一会儿笑，母亲不明白这是为什么。亚丽想："扬子帮我意识到了，我的那些祈祷也许并不是正确的。"

第二天清晨，亚丽在医院的榕树下平静地祈祷："老天，我知道我的愿望是什么，但对爸爸来说这并不见得是最好的答案。您也爱他。因此我现在要把他放在您的手中。让您的意愿——而不是

我的——实现吧！"

在那一瞬间，她觉得如释重负。不管老天的答案是什么，她知道对她父亲都是正确的。

一个月以后，她的父亲与世长辞了。

第二天，扬子带着孩子赶来。孩子哭着说："我不愿意让外公死，他为什么会死呢？"

亚丽紧紧地抱着孩子让他哭了个够。从窗户远望，她看见群山和碧蓝的天，想着她深深敬爱的父亲，也想到他遭受的无法医治的病痛。扬子的手放在了她的肩上，亚丽轻轻地说："显然，这就是答案。"

自然规律是不以人的意志为转移的。当亲人到了弥留之际，与其苦苦祈祷，让亲人放慢离去的脚步，不如坦然地接受不能改变的现实，让自己保持一分宁静的心情。

人们希望春常在，花常开，而春来了又去了，了无踪迹；花开了又落了，花瓣也被夜里的风雨击得粉碎，混于泥淖，流得不知去处。

秦皇汉武、唐宗宋祖，转眼间，而今都已不在。人世间的荣耀与悲哀，到最后统统埋在土里，化作尘埃。

人生的无常，为我们带来了种种经历。一份经历的洗礼，意味着多一份稳重、多一份淡定，这何尝不是好事？人生本无常，世事最难料，从容面对才是真！

心若丰盈，优雅天成

心若不死，烈火烧过青草地，看看又是一年春风。但有一个至关重要的因素是，当春风再来的时候，你扬起的，是怎样的一张面孔。

Abby 上个星期与久别的姐姐见了面。这次相聚对她来说，有惊也有喜。Abby 与姐姐自幼亲密无间，后来各自嫁人，Abby 来到北京，而姐姐随着姐夫去了国外，自此极少见面，平时只是在电话里、在网络上，相互表达关心和思念。两年前，Abby 的姐姐遭遇了丈夫外遇、离婚、争孩子、争财产一系列狗血得如同电视剧般的变故，然后患病卧床半年，但她从来不愿和 Abby 多说，几次通话，她只字不提，Abby 也不便多问。

见面之前，Abby 心有忐忑，害怕看见姐姐那张美丽的脸被怨恨扭曲，害怕看见曾经那么鲜活明艳的生命被生活侵蚀得满目疮痍。

但当 Abby 见到姐姐的那一刻，心中忧虑随即烟消云散。四十余岁的姐姐，妆容精致，眼神明亮，体态轻盈，着一身休闲便装，

长发随意地披散在脑后，与她现在的男朋友十指紧扣，笑意盈盈，缓缓而来。

Abby 衷心的为姐姐感到高兴，这种高兴掺杂了太多难以说清的诧异。

这样甜美的场景，似乎只能发生在情窦初开的少女身上，她们未经世事，所以她们美好如花，澄净如水。

但是现在，她是一个被丈夫无情抛弃，曾在仇恨与痛苦中难以自拔的女人。大家都以为她会凋谢了吧，然而，她从最黑暗的地方穿越而来，依然明艳如花。

试想一下，此时的她，如果面容憔悴，目光呆滞，身材走样，恐怕也没办法与身边的人形成这样一道美丽的风景。然而这些都不是最重要的，最重要的是，如果她的体内是一个饱经摧残后狼狈不堪的灵魂，或者有一个浸淫世俗、变得面目可憎的扭曲人格，即使她保养得再好，身姿再婀娜，她也享受不到这份等到风景都看透，一起看溪水长流的美好。

就这样，一个 40 多岁的女人，经历了人生那么残酷的变故，却再一次像少女一样恋爱了。她，重新活了过来。然而生活中，别说 40 多岁，就连很多刚满 30 岁的女人，都已经面目全非，心如止水了。

生活中的大事小情，耗光了她们的耐心；人生中的种种无奈，剥夺了她们的笑颜。曾经的如花美眷，终没能敌过似水流年，当年温柔甜美的小女孩，变成"内忧外患"、一脸彪悍的躁妇人；曾经纯美善良的女人变得尖酸刻薄、狭隘自私。

　　自然也有一些女子，她们把生活的磨砺沉淀成人生智慧，不管经历尘世几许苦难，不管几经岁月雕琢，她们依旧一脸柔和，秋波似水。她们不是没有遭受伤害，但对人性依然信任；她们不是没有饱尝苦难，但对生活依然热情。她们在职场英姿飒爽，也会把生活经营得有滋有味；她们待人接物高雅大方，就算对自己最亲近的人，也不会如倒垃圾般口无遮拦；她们与孩子平等交流，也与爱人恬静相守。

　　她们就是这样一种美好的存在。这种美好，无关年龄。如何选择，只在于心。

情商就是不要为别人的错误买单

我们常说，"气死我了，他怎么可以这样"。若仔细品味，就会发现，其实是别人犯了错误，但受折磨的是我们自己。这就是情商低的表现。什么叫情商高？任何时候，我们也不要为对方的错误买单。

别把你的快乐交给别人保管

无论命运多么坎坷，人生多少颠簸，总会有摆渡的船，这只船就在我们自己手中！每一个有灵性的生命都有心结，心结是自己结的，也只有自己能解，而生命，就在一个又一个解开的心结中成熟，然后再生。

一个成熟的人，应该掌握自己快乐的钥匙，不去期待别人给予自己快乐，反而将快乐带给别人。其实，每个人心中都有一把快乐的钥匙，只是大多时候，人们将它交给了别人来掌管。

有个姑娘说："我活得很不快乐，男朋友经常因为工作忽略我。"她把快乐的钥匙放在了男朋友手里；

一位母亲说："儿子没有好工作，老大不小也娶不上个媳妇，我很难过。"她把快乐的钥匙交在了子女手中；

一位婆婆说："儿媳不孝顺，可怜我多年守寡，含辛茹苦将儿子带大，我真命苦。"

一位先生说："老板有眼无珠，埋没了我，真让我失落。"

一个年轻人从饭店走出来说："这家店的服务态度真差，气死我了！"

……

这些人都把自己快乐的钥匙交给了别人掌管，让别人控制了自己的心情。

当我们容忍别人掌控自己的情绪时，我们在头脑中便把自己定位成了受害者，这种消极设定会使我们对现状感到无能为力，于是怨天尤人成了我们最直接的反应。接下来，我们开始怪罪他人，因为消极的想法告诉我们：之所以这样痛苦，都是"他"造成的！所以我们要别人为我们的痛苦负责。既要求别人使我们快乐，又要求别人为我们的痛苦负责，这种人生是受人摆布的，可怜而又可悲。

积极的心态就是我们要重新掌控自己的人生，拿回自己快乐的钥匙。

试着忘记让你难受的人和事

人活于世，挫折、烦恼在所难免，若是不想让它影响你的心情，最好的方法就是将心放大，淡化它、忽视它、遗忘它。这样，你才能活得更加幸福。

上天赐给我们很多宝贵的礼物，其中之一即是"遗忘"。只是

我们过度强调"记忆"的好处，却忽略了"遗忘"的功能与必要性。生活中，许多事需要你记忆，同样也有许多事需要你遗忘。

比如，你失恋了，总不能一直沉溺在忧郁与消沉的情绪里，必须尽快遗忘；股票失利，损失了不少金钱，心情苦闷提不起精神，你也只有尝试着遗忘；期待已久的职位升迁，人事令发布后竟然没有你，情绪之低可想而知。解决之道别无他法——只有强迫自己遗忘。

只有遗忘了那些不快，才会更好地前行。

然而，想要遗忘却不像想象中的那么容易。遗忘是需要时间的，如果你连"想要遗忘"的意愿都没有，那么，时间也无能为力。

一般人往往很容易遗忘欢乐的时光，对于不快的经历却常常记起，这是对遗忘的一种抗拒。换言之，人们习惯于淡忘生命中美好的一切，但对于痛苦的记忆，却总是铭记在心。就如你吃过了糖会很快忘记甜，吃过了黄连却口有余苦。

的确，很多人无论是待人或处世，很少检讨自己的缺点，总是记得对方的不是以及自己的欲求。到头来，还是很少如愿——因为，每个人的心态正彼此相克。

反之，如果这个社会中的每个人，都能够试图将对方的不是以及自己的欲求尽量遗忘，多多检讨自己并加以改善，那么，彼此之间将会产生良性的互补关系，这也是每个人希望达到的。

有这样一个故事：有一次，一位女士给了一个朋友三条缎带，希望他也能送给别人。这位朋友自己留了一条，送给他不苟言笑、事事挑剔的上司两条，因为他觉得由于上司的严厉使他多学到许多东西，同时他还希望他的上司能拿去送给另外一个影响他生命的人。

他的上司非常惊讶，因为所有的员工一向对他敬而远之。他知道自己的人缘很差，没想到还有人会感念他严苛的态度，把它当作是正面的影响而向他致谢，这使他的心顿时柔软起来。

这个上司一个下午都若有所思地坐在办公室里，而后他提前下班回家，把那条缎带给了他正值青春期的儿子。他们父子关系一向不好，平时他忙着公务，不太顾家，对儿子也只有责备，很少赞赏。那天他怀着一颗歉疚的心，把缎带给了儿子，同时为自己一向的态度道歉，他告诉儿子，其实他的存在带给他这个父亲无限的喜悦与骄傲，尽管他从未称赞他，也少有时间与他相处，但是他是十分爱他的，并以他为荣。

当他说完了这些话，儿子竟然号啕大哭。他对父亲说，他以为他父亲一点也不在乎他，他觉得人生一点价值都没有，他不喜欢自己，恨自己不能讨父亲的欢心，正准备以自杀来结束痛苦的一生，没想到他父亲的一番言语，打开了心结，也救了他一条性命。这位父亲吓得出了一身冷汗，自己差点失去了亲生的儿子而不自知。从此这位上司改变了自己的态度，调整了生活的重心，也重建了亲子关系，加强了儿子对自己的信心。就这样，整个家庭因为一条小小的缎带而彻底改观。

送人以缎带，证明你已遗忘了相处中所受的那些委屈和责难，忆起别人给你的快乐和益处。而接受你缎带的人却更能被你感动，

看到你的心灵之美，爱你、助你。学会遗忘，拾起那根缎带送给让你受伤的那个人，他将回报你一片灿烂的阳光。

别怪别人在你不好的时候逃跑

人，本性里是趋利避害的，所以当你一帆风顺、蒸蒸日上的时候，有很多人愿意接近你；当你遇到困难、举步维艰的时候，很多人可能会离开你。

如果有人背叛了你，离开了你，不要抱怨人情的薄凉。对于曾经接近你的人，我们要感谢，因为他们给我们的"锦上"添了"花"；对于困难时离开的人，我们也要表示感谢，因为正是他们的离开，给我们泼了一盆足以使人清醒的冷水，让我们在孤独中重新审视自己，发现自己的危机，让我们有了冲破樊篱、更进一步的动力。

陈云鹤与林莹莹相恋 5 年有余，按照原来的约定，他们本该在今年携手走进婚姻的殿堂，但是，就在婚前不久，林莹莹做了"落跑新娘"，她留下一纸绝情书，与另一个男人去了天涯海角。

了解陈云鹤的人都知道，他与林莹莹之间的爱情九曲十八弯，甚至有些荡气回肠。

陈云鹤英俊帅气、风度翩翩，在香港科技大学完成学业以后，就回到了父亲创办的公司担任部门经理，管理着一个重要部门，由一位追随父亲多年的叔伯专门负责培养他、指导他。他行事果敢，富有创新意识，这个部门在他的管理下越发出色起来。

这个时候，追求他的姑娘、前来提亲的人家简直多的让人眼花缭乱，其中不乏当地的名门名媛，但他一概礼貌地回绝了，却唯独对来自农村的林莹莹情有独钟。

那个时候的林莹莹不但长相甜美，而且思想单纯，相比都市里浸淫于风花雪月、汲汲于名利的女人们，她恰似一朵雪莲花不胜寒风的娇羞，这份纯朴的美让陈云鹤十分醉心。

然而，受中国传统门当户对思想的影响，陈云鹤的父母对于这种结合并不认同，陈云鹤为此与家人无数次理论过，甚至愿意为林莹莹放弃现在的一切，只求抱得美人归。在他的坚持下，陈父陈母终于妥协了。

由于林莹莹的身体一直不好，医生建议他们3年之内最好不要结婚，陈云鹤只能把婚期向后推迟，3年来，他一直精心照顾着林莹莹，给了她无微不至的关爱，林莹莹的身体渐渐好了起来。

随后，为了林莹莹的事业，陈云鹤又强忍着心中的寂寞，出资安排她去国外学习企业管理。在这5年多的交往中，可以说一个男人能做的，陈云鹤几乎都做到了。

2007年，受国家货币政策影响，再加上人民币不断升值，陈家的公司受到了很大冲击。很快，公司的利润被压迫到一个很小的空间，后来，干脆成了赔本买卖。无奈之下，陈父只能申请破产。

陈云鹤也由一个白马王子变成了失业青年。

任谁也没想到的是，就在陈云鹤最困难的时候，那个他曾给予无数关爱，那个他愿意为之付出一切，那个曾与他海誓山盟的女孩，决绝地提出分手，跟着一个英国男人去国外"发展"了。

公司破产，陈云鹤并没有多么难过，因为他觉得凭自己的能力，有朝一日一定可以帮助父亲东山再起。他觉得即便自己变成了一个穷小子，至少还有一个非常相爱的女朋友。但是现在，他真的觉得自己一无所有了，曾有那么一段时间，陈云鹤非常颓废。

一个人独处的时候，陈云鹤反复问自己，"我那么爱她，她为什么在这个时候离开我？！"最后，他不得不接受一个残酷的事实——她太功利了，她不会跟一个身无分文的穷小子过一辈子！究竟是她变了，还是原本就如此，此刻已不重要。重要的是，接下来该做些什么。

冷静之后，陈云鹤意识到，自己必须努力了，否则才是真的一无所有。女友无情的背离也让他对爱情有了新的认知，他懂得了，爱并不是一厢情愿的冲动，有的人并不值得去爱，也不是最终要爱的人，所以放手，放任她离开，但不要带着怨恨，那只会让自己的内心永远不得安歇，为那个不爱自己的人徒留下廉价的伤感而已。

不久之后，陈云鹤找到了父亲的一位老朋友，并以真诚求得了他的资助。用这笔资金，陈云鹤在上海创办了一家投资公司，他又是学习取经，又是请高人管理，公司很快就走上了正轨，现在，陈云鹤又积累了一笔不菲的财富。

在那位叔父的撮合下，陈云鹤又结识了一位从法国留学归来的漂亮姑娘，两个人一见钟情，很快确定了恋爱关系，双方的父母也都对彼此非常满意。

如果当初那个女人不离开他，或许陈云鹤就不会有如此大的动力，或许他会出去做一个高级打工者，一样能过日子。但是，她离去了，一段时间内，陈云鹤一无所有，这给了他前所未有的危机感，这种危机感鞭策着他必须去努力，似乎是为了证明些什么，其实更是为了证明他自己。

曾经受过伤害的人，在孤独中复苏以后，会活得比以往更开心，因为那些人、那些事让他认清自己，同时也认清了这个世界。如果有人曾经背弃了你，无论他是你的恋人还是朋友，别忘了对他说声"谢谢"，正是因为这背离，才让你更坚强，更懂得如何去爱，也更懂得如何保护自己。

你又何必在意是谁遗弃了谁

偶尔与友人把盏，你的所说的话大部分人都不爱听，于是你成了游离于人群之外的那类人，你感觉他们很肤浅，他们也对你很不满。你并非有意为之，别人却对你一笑置之。只有无奈地慨

叹着："我被人忘记了，还是我忘记了人呢？"一种"我遗弃了人群而又感到被人群所遗弃的悲哀"流连心间。

其实，阳春白雪，曲高必和寡，不然这世间贤人怎会寥寥无几。古语有云："高处不胜寒，起舞弄清影，何似在人间。"阳春之曲岂是人人都可和之的呢？他人不解未必是你的错。

魏晋嵇康，竹林七贤之一。他抚琴赴死，从此后《广陵散》便失之于世。嵇康的诗，很多都是气势极磅礴的。如《兄秀才公穆军赠诗十九首》中的诗句："双鸾匿景曜，戢翼太山崖。抗首漱朝露，晞阳振羽仪。长鸣戏云中，时下息兰池。"又如《四言诗》中的诗句："羽化华岳。超游清霄。云盖习习。六龙飘飘。左配椒桂。右缀兰苕。凌阳赞路。王子奉辂。婉娈名山。真人是要。齐物养生。与道逍遥。"嵇康是在以一种大姿态俯瞰众生，这样的气魄之下，一个人最容易产生的就是"众人皆醉我独醒，众人皆浊我独清""曲高和寡"的孤独。

"习习谷风，吹我素琴。交交黄鸟，顾俦弄音。感寤驰情，思我所钦。心之忧矣，永啸长吟。"——一个孤独的形象，有素琴，却只能与清风抚；有清音，却只能与黄鸟鸣。非无人愿与之相伴，而是无人相知，无人相与和！——"虽有好音，谁与清歌？虽有姝颜，谁与华发？""结友集灵岳，弹琴登清歌。有能从此者，古人何足多？"——曲高和寡的背后有的是对知音者的向往。嵇康明白自己所想要的，也知道他想要的并不那么容易得到。他自顾自地喝着、唱着，孤独着。

太傅钟繇之子颍川钟会慕嵇康之名，邀集当时的贤俊之士，拜访嵇康。嵇康"扬锤不缀""傍若无人""不交以言"，客观地说，他非常傲慢无礼。

钟会面子上挂不住，终于选择离去。

嵇康说出了中国史上最傲的一句话："何所闻而来？何所见而去？"与其说是询问，倒不如说是以一种"居高临下"的口气在质问。

嵇康孤，因为知己者寥寥；嵇康傲，因为在精神上有绝对的自由。或许在嵇康看来，钟会与自己根本不是一路人，像钟会这般汲汲于名利的人，又怎么会明白精神自由与超越的乐趣呢？

留下"闻所闻而来，见所见而去"的回答后，钟会悻悻然离去。

嵇康曲高和寡，能称之为知己者不过"竹林七贤"等寥寥数人而已。而在此之中，也只有陈留阮籍能与嵇康比肩而论。

一曲广陵赴乾坤，曲高和寡仍高歌。嵇康之凌厉不羁，旷逸傲岸，一生励志勤学，崇自然、尚养生，惊才通博，临终鼓琴神思仙念《广陵散》，一曲绝弦，葬了半生漂泊，闻者其谁，契者其谁？凄咽处，语凝噎，慨听弦断音亦绝。

众人皆入梦，唯我独向隅！究竟是我被人忘记了，还是我忘记了别人，都不重要，重要的是你的心在向往着什么。鸟中有大鹏，鱼中有大鲲。大鹏振翅起，扶摇直上九万里，那些篱笆间跳跃的家雀，又岂知大鹏眼中的天高地阔呢？鲲鱼晨由昆仑发，午达渤

海湾，夜停孟渚湖，那些只会在水塘中穿梭的小鱼，又怎知大鲲心里的江阔海深呢？如嵇康者，他们美好的思想和行为都超出于一般人之上，那些寻常人又怎么可能理解他的所作所为呢？

唯其可遇何需求？蹴而与之岂不羞？果有才华能出众，当仁不让莫低头！当所有的喧嚣都离你远去，只有你，独自沉浸在孤独中，冥想着、净化着，你又何须去在意究竟是谁忘记了谁？

无人知己，又何必求人知己

高适说："莫愁前路无知己，天下谁人不识君。"劝慰之词罢了，茫茫天下，识君者能有几人？俞伯牙"高山流水"，知音者唯钟子期。借问人间愁寂意，伯牙弦绝已无声。高山流水琴三弄，明月清风酒一樽。

知音自古难寻觅。古往今来，多少高山隐士、文人墨客、王侯将相，或独钓寒江，或登高长啸，或对月慢饮，或邀影成诗，喟叹："人生得一知己，足矣！"一个足矣，更是道出了无尽的遗憾与无奈。也正因如此，"高山流水"的佳话才会在世间经久流传。孤独是一种无奈的选择，因为没有找到合适的同行者。然而，叹便叹了，憾也憾了，却不必刻意去寻找一个知己。因为，生命的常态是孤独。

我们孤独而来，一无所有，有几人能与人结伴同来？我们孤独而去，独走黄泉，又有几人能与人相约结伴而去。我们常说，自己害怕孤独，其实，我们害怕的是寂寞。

寂寞与孤独是很容易被人们混淆的概念，其实这是对生命的两种不同感受。孤独是沉醉在自己世界的一种独处，所以，孤独的人表现出来的是一种圆融的高贵；寂寞是迫于无奈的虚无，是一种无所适从的可怜。

排解寂寞很容易，如今的社交网络如此发达，有太多的方法排解寂寞，一旦热闹起来，寂寞这种表象的、浅层次的心灵缺失也就解了，而孤独则不同，孤独是那种纵然你被众星捧月，依然会心中寥寥，甚至更为孤独的感受。欲语还休，难以言表。

于是，便有了"举杯邀明月，对影成三人"，便有了"驿外断桥边，寂寞开无主"，那是一种感叹于知己难寻的落寞。然而，心灵上能互懂的毕竟没有几人。即便终了一生，或可相遇，或者就是无缘。

所以，不必刻意去寻找，有些东西奢求不来。纵然是同枕共眠的夫妻、血浓于水的父子兄弟，在精神层次上也未必能够完美契合。至于朋友间的心心相印、肝胆相照，也只是情义上的深度，若说知己，恐怕未必。知己之难得，令人发指。人于茫茫尘世中，若能寻得一二在某一点上有共同之识，彼此赏识，相得益彰的朋友，这已是人生一大幸事。

譬如你喜欢读书，得一有相同爱好的书友，彼此借阅，互论心得，诗清词雅，相互切磋，此人生一喜也。又如你爱那杯中之物，得一好此道者，酒量不相上下，酒品犹佳，有空闲时便在一起浅酌慢饮，高谈阔论，纵横天下，指点江山，岂不也是人生一大幸事？又何必非求他知己知心？

其实每个人都有孤独感，喧嚣中的人，内心可能是孤独的，这种孤独是与生俱来的，有人多些有人少些，但内心都渴望被安抚、被理解。如果得不到，不必去强求。你身边的人，他们的言行你不认同很正常，他们不理解你也很正常。每个人都是独立自由的个体，有各自的想法与思考，你能做的就是求同存异。精神层次上的东西，不能相容也就罢了。你还可以享受属于自己的那份孤独，它会让你的心静下来，去做关于生命的思考。

如果在这个世界里，你不能找到那么一个人，想着同样的事情，怀着相似的频率，在某站孤独的出口，等待着与你相遇，那么，就应学会享受你的孤独时光。求知己、觅知音，是一种非常美好的追求，可人生总是遗憾重重。生命中能得一二知己当然是一大幸事，但能在缺憾的人生中，学会孤独地享受人生之乐，这才是智慧的人生观。

不是所有事都要分出是非黑白

寺庙中的两个小和尚为了一件小事吵得不可开交，谁也不肯让谁。第一个小和尚怒气冲冲地去找方丈评理，方丈在静心听完他的话之后，郑重其事地对他说："你说的对！"于是第一个小和尚得意扬扬地跑回去宣扬。第二个小和尚不服气，也跑来找方丈评理，方丈在听完他的叙述之后，也郑重其事地对他说："你说的对！"待第二个小和尚满心欢喜地离开后，一直跟在方丈身旁的第三个小和尚终于忍不住了，他不解地向方丈问道："方丈，您平时不是教我们要诚实，不可说违背良心的谎话吗？可是您刚才却对两位师兄都说他们是对的，这岂不是违背了您平日的教导吗？"方丈听完之后，不但一点儿也不生气，反而微笑地对他说："你说的对！"第三位小和尚此时才恍然大悟，立刻拜谢方丈的教诲。

以每一个人的立场来看，他们都是对的。只不过因为每一个人都坚持自己的想法或意见，无法将心比心、设身处地地去考虑别人的想法，所以没有办法站在别人的立场去为他人着想，冲突与争执也因此就在所难免了。如果能够以一颗善解人意的心，凡

事都以"你说的对"来先为别人考虑，那么很多不必要的冲突与争执就可以避免了，做人也一定会更轻松。

因此，凡事都要争个是非的做法并不可取，有时还会带来不必要的麻烦或危害。如当你被别人误会或受到别人指责时，这时如果你偏要反复解释或还击，结果就有可能越描越黑，事情越闹越大。最好的解决方法是，不妨把心胸放宽一些，没有必要去理会。

2002年3月，一位旅游者在意大利的卡塔尼山发现一块墓碑，碑文记述了一位名叫布鲁克的人是怎样被老虎吃掉的事件。由于卡塔尼山就在柏拉图游历和讲学的城邦——叙拉古郊外，很多考古学家认为，这块墓碑可能是柏拉图和他的学生们为布鲁克立的。

碑文记述的故事是这样的：布鲁克从雅典去叙拉古游学，经过卡塔尼山时，发现了一只老虎。进城后，他说，卡塔尼山上有一只老虎。城里没有人相信他，因为在卡塔尼山从来就没人见过老虎。布鲁克坚持说见到了老虎，并且是一只非常凶猛的老虎。可是无论他怎么说，就是没人相信他。最后布鲁克只好说，那我带你们去看，如果见到了真正的老虎，你们总该相信了吧？

于是，柏拉图的几个学生跟他上了山，但是转遍山上的每一个角落，却连老虎的一根毫毛都没有发现。布鲁克对天发誓，说他确实在这棵树下见到了一只老虎。跟去的人就说，你的眼睛肯定被魔鬼蒙住了，你还是不要说见到老虎了，不然城邦里的人会说，叙拉古来了一个撒谎的人。

布鲁克很生气地回答：我怎么会是一个撒谎的人呢？我真的见到了一只老虎。在接下来的日子里，布鲁克为了证明自己的诚实，逢人便说他没有撒谎，他确实见到了老虎。可是说到最后，人们不仅见了他就躲，而且背后都叫他疯子。布鲁克来叙拉古游学，本来是想成为一位有学问的人，现在却被认为是一个疯子和撒谎者。这实在让他不能忍受。为了证明自己确实见到了老虎，在到达叙拉古的第 10 天，布鲁克带上武器来到卡塔尼山。他要找到那只老虎，并把那只老虎打死，带回叙拉古，让全城的人看看，他并没有说谎。

可是这一去，他就再也没有回来。三天后，人们在山中发现一堆破碎的衣服和布鲁克的一只脚。经城邦法官验证，他是被一只重量至少在 500 磅左右的老虎吃掉的。布鲁克在这座山上确实见到过一只老虎，他真的没有撒谎。

布鲁克在这场争论中取得了胜利，不过代价却是他宝贵的生命。

不要试图把是非对错争个明白，做一个聪明的老实人吧！不要理会别人的挑衅，你只要做好自己就可以了，聪明人是绝不会为了别人说什么，就去争个头破血流的。

清者自清

这个世界上，有些人，我们不必怀念；有些话，我们不必听见；有些事情，我们不必争辩。

或许，想念的人多了，情感会丰富；听到的话多了，见识能增长；争辩的事情多了，口才会干练。

但那又如何？它们未必会给你带来想要的快乐。我们只应该怀念值得怀念的人，不在意多少；听我们需要听的话，不要求中听；知道我们适合知道的事情，不在乎好坏。别让那些没有必要的事情，扰乱自己的思绪，打破我们原本的静谧。

有一位女青年，到一家宾馆办事，走出宾馆大门时，正好遇到本公司帅气的男上司也从宾馆出来。这一幕恰好被路过的同事看到了，就以为她俩关系不正常，于是那段时间公司谣言四起，弄得她心力交瘁、坐卧不安。

女青年的苦恼母亲看在眼里，疼在心里。这天吃过晚饭，母亲对她说：

"孩子，我们到湖边散散步。"

那天风平浪静，母亲望着水平如镜的湖水说："你能搅浑这湖水吗？"女青年不解地看着母亲："这么大的湖，怎么可能搅浑它呢？"

母亲又说："假如是一个小水坑呢？你能搅浑吗？"

女青年说："那就很容易了。"

母亲这时从衣袋里拿出一瓶矿泉水说："试试，你能摇浑它吗？"

女青年接过矿泉水瓶使劲摇着，但瓶子里的水依然清澈明净。

母亲说："孩子，现在你该明白一个道理了吧，一个小水坑，用一根棍子就可搅浑它；一杯真正的清水，是无论怎么摇也摇不浑的。别人的一句谣言，就把你的心搅浑了，那只能说明你的心只是一个小水坑，不是一泓宽阔的湖。一杯水，只要本质是清的，是摇不浑的，摇浑的，都是那些本是浑浊的水。一个人的心，就像一只杯子，只不过杯子盛的是水，而心盛的是思想。一个人的思想，只要它本质是'清'的，不管你怎么去'摇'它，也无法摇浑它，它保持的仍是它纯净的本色。请记住一点：真正的清水，是摇不浑的。"

女青年顿时明白了母亲的用意，她深情地拥抱着母亲，心头的烦恼消散了很多。

生活未必尽如我意，意料之外的事情总是蜂拥而至，其实都是些无关紧要的琐事，若要真的去在乎，那只能既伤了神，又分了心。

这又何苦呢?

那么多的是是非非、纷纷扰扰,与其对着天空流泪,不如俯视大地畅怀。

荣辱得失,只不过是过眼烟云,说散就散了,何必那么斤斤计较。

流言蜚语,只不过是小人的伎俩,清者自清,何必那么在意。

不必要的事情,就让它随风而去吧。

赌气,毫无意义

赌气,既伤身又伤心。因赌气而自毁长城的人,更是愚蠢至极。一次冲动的赌气行为,甚至可以令你瞬间由天堂跌入地狱。

赌气的人可以表现得大发雷霆,也可以表现得满不在乎,说到底都是一种放弃——放弃一个利益,放弃一笔金钱,放弃一个和平的环境,放弃一个机会,放弃一份工作,甚至放弃自己的前程。

人生有取又舍,放弃无可厚非,但有时是不是有必要思考一下,为一时之气而放弃本该属于你的美好,究竟是否值得。

有一天,上班时间,一位气质极好的青年女子来找一位同事。正巧同事不在,她便留下了姓名。等同事回来,同屋的人把情况做了通报，还意犹未尽地说了一句："不去当演员，真可惜了！"同事笑道："你怎么知道她没有去当演员？事实上她不仅做过演员，而且还曾与一个非常重要的角色失之交臂。"说着，他报出了那个角色，同屋的人的心中猛然一震——那可是个令一个原本籍籍无名的女演员一夜走红的角色啊！

那么，她又是怎样错过的呢？当时，慧眼识珠的导演挑女主角，挑来挑去，最后只剩下两位候选人——她与日后走红的那位。论形体、论气质，她都略胜一筹。然而，脸上几颗隐瞒不了的青春痘造成了导演的犹豫，不过导演虽然犹豫，但还是偏向她的。不巧，这时外界又传出了她与导演有染的流言。一贯洁白无瑕的她一赌气，退出竞争，旋即又辞职，匆匆地从南边打道回府了。

10年来，她频频远离机会、可以施展才华的演艺圈，成了一名普通白领。她偏离了自己的轨道，从事着自己并不喜欢的职业，其中郁积的遗憾和委屈又岂是一口气能够赌掉的？况且，她的婚姻也因此没能收获多少幸福。

小时候听过一个故事，说有一个人提着网去捕鱼，不巧天下起了大雨，他一赌气将网撕破。网撕破了还不够，又因气恼一头栽进池塘，从此就再也没有爬上来。小时候想，世上哪有这样的傻子，这一定是个哄人的故事。现在想起来，这个故事还是很有意义的。

下雨不能捕鱼，等天晴再去就是了。不要让雨下进灵魂里，不要让一口气久久憋住不发，从而输掉青春、输掉爱情，以及可能的辉煌和触手可及的幸福。

你不是钞票，做不到人人都欢喜

人的本性趋向于寻求他人的赞美和肯定，尤其是有威望或有控制力的对象（如父母、老师、上司、名人名流等），他们的赞美肯定更加重要。取悦者会沉迷于取悦行为所换得的肯定，这很好解释，如果某件事让人有了愉悦的体会，那他就可能持续做这件事，以便继续维持这种美好的感觉。

但，我们得到的感觉其实并不美好。

为了取悦别人而活着，最终必然丧失真正的自己。只有先取悦自己，做最好的自己，然后才能得到他人的喜欢和尊敬。

一位诗人，他写了不少的诗，也有了一定的名气，可是，他还有相当一部分诗却没有发表出来，也无人欣赏。为此，诗人很苦恼。

诗人有位朋友，他是位禅师。这天，诗人向禅师说了自己的苦恼。禅师笑了，指着窗外一株茂盛的植物说："你看，那是什么花？"诗人看了一眼植物说："夜来香。"禅师说："对，这夜来香只在夜晚开放，所以大家才叫它夜来香。那你知道，夜来香为什么不在白天开花，而在夜晚开花呢？"诗人看了看禅师，摇了摇头。

禅师笑着说："夜晚开花，并无人注意，它开花，只为了取悦自己！"诗人吃了一惊："取悦自己？"禅师笑道："白天开放的花，都是为了引人注目，得到他人的赞赏。而这夜来香，在无人欣赏的情况下，依然开放自己，芳香自己，它只是为了让自己快乐。一个人，难道还不如一种植物？"

禅师看了看诗人又说："许多人，总是把自己快乐的钥匙交给别人，自己所做的一切，都是在做给别人看，让别人来赞赏，仿佛只有这样才能快乐起来。其实，许多时候，我们应该为自己做事。"诗人笑了，他说："我懂了。一个人，不是活给别人看的，而是为自己而活，要做一个有意义的自己。"

禅师笑着点了点头，又说："一个人，只有取悦自己，才能不放弃自己；只有取悦了自己，才能提升自己；只有取悦了自己，才能影响他人。要知道，夜来香夜晚开放，可我们许多人，却都是枕着它的芳香入梦的啊。"

人，如果总是忙着取悦别人，去为别人的期望而生活，就会忽视自己的生活，忽视自己到底喜欢什么、到底想要什么、到底需要什么。最后，已经忽视了自己的存在。可是，你拥有自己的人生，这是你的一项权利，你为什么要放弃？你对自我的放弃，能换来的其实只是更多的蔑视和鄙夷。

所以，别老想着取悦别人，你越在乎别人，就越卑微。只有取悦自己，并让别人来取悦你，才会令你更有价值。一辈子不长，记住：对自己好点。

让羞辱的泪变成花朵和花环

生活中，我们随时可能受到不平等的待遇，特别是在我们贫穷的时候。贫穷并不可怕，受不平等待遇，甚至受到侮辱也不可怕，可怕的是，我们在受侮辱后麻木不仁。只要有奋发向上的决心，被歧视也能成为一种力量，并把这种力量用好，终有一天，当我们回头看自己走过的路时，我们会感谢曾经受过的歧视。

美国地产大王哈利曾经是一名工厂的机器清洗工，由于日常清洗机器时，工作服经常会沾上机油，以致衣服上留下了斑斑点点的洗不掉的油污渍。他万万没想到，就因为他的工作服有些污渍，竟经受了一次耻辱的经历。

那天，他下班后去一家商场挑选了很多日用品。当他在收银台前排队的时候，前面一名也在排队的妖艳女人回头看到他的衣服有污渍时，竟认为他很脏，捂着鼻子走开，把本来想买的东西随手一扔就走出了商场。哈利虽然感觉受到侮辱，倒还是没有表现出来。

约一分钟后，又有个女人提着购物篮走过来排队，刚走到哈利身后时，她凑巧看到他身上的油渍也突然走开了。

哈利觉得这两个女人都装模作样，假装高贵。他知道，他的衣服虽然有点污渍，但每天都洗过，其实并不脏。他想，因为工作的关系，不可能一下班就西装革履呀，这些女人也真没修养。

正当他边想边排队，快轮到他结账的时候，商场的保安突然走过来把他拉了出去。

他质问保安："为什么这样对待我？！"

保安说："商场有规定，谢绝衣服不干净的顾客，而且刚才有人向商场投诉了你。"

尽管他理直气壮地跟保安辩论，但还是被赶了出来。围观的人很多，他觉得这是有生以来受到的最大的侮辱。

那天晚上，他失眠了。他含泪发誓，一定要尽快拼搏，再也不让人"瞧不起"自己了。从第二天开始，他每天除了吃喝拉撒，全部用来工作。下班后马上到附近一家餐厅做洗碗工。

由于他的敬业，三个月后，他被提拔为清洗车间经理。一年后，他有了一些积蓄，便联合了一位朋友开了一家商场。他想，在哪里跌倒，就要在哪里爬起来。他要让他的商场成为穷人的购物天堂，所以他规定，凡是工厂里的工人，只要凭工作证，都给予八折优惠。

果然，他如愿以偿。后来，哈利有了大笔资金后。又涉足房地产。终于在十年后拥有两亿美元的个人资产，成为美国的地产大王。

这不仅让人想起一首诗：

"我相信有一天，我流过的泪将变成花朵和花环，我遭受过千百次的遍体鳞伤，将使我一身灿烂……"

有些时候，我们真的应该感谢"羞辱"，因为人无压力轻飘飘，不经激励不会发愤。一个人，如果能坦然面对别人的耻笑或侮辱，心的格局就有了一层进步，如果能把这些耻笑和侮辱化为动力，总有一天会让曾经笑话自己的人远远不及。

放过别人就是宽恕自己

也许昨天，也许很久以前，有人伤害了你，你不能忘记。你本不应受到这种伤害，于是你把它深深地埋在心里等待报复的那一天。不过，现在你应该明白，这样做是毫无益处的，不肯放过别人就是不宽恕自己。

在这个世界里，一个人即使是出于好意也会伤害他人。朋友背叛你、父母责骂你、爱人离开你……总之，每个人都会受到伤害。

人一旦受到伤害的时候，最容易产生两种不同的反应：一种是怨恨，一种是宽恕。

怨恨是你对受到深深的、无辜伤害的自然反应，这种情绪来得很快。女人希望她的前夫与他的新妻子倒霉；男人希望背叛了他的朋友被解雇。无论是被动的还是主动的，怨恨都是一种郁积着的邪恶，它窒息着快乐，危害着健康，它对怨恨者的伤害比被怨恨者更大。

消除怨恨最直接有效的方法就是宽恕。宽恕必须承受被伤害的事实，要经过从"怨恨对方"到"我认了"的情绪转折，最后认识到不宽恕的坏处，从而积极地去思考如何原谅对方。

宽恕是一种能力，一种停止伤害继续扩大的能力。

宽恕不只是慈悲，也是一种修养。

生活中，宽恕可以产生奇迹，宽恕可以挽回感情上的损失，宽恕犹如一支火把，能照亮由焦躁、怨恨和复仇心理铺就的黑暗道路。

曾任纽约州长的威廉·盖诺被一份内幕小报攻击得体无完肤之后，又被一个疯子打了一枪几乎送命。他躺在医院为他的生命挣扎的时候，他说："每天晚上我都原谅所有的事情和每一个人。"这样做是不是太理想了呢？是不是太轻松、太好了呢？如果是的话，就让我们来看看那位伟大的德国哲学家，也就是"悲观论"的作者叔本华的理论。他认为生气就是一种毫无价值而又痛苦的冒险，当他走过的时候好像全身都散发着痛苦，可是在他绝望的深处，叔本华叫道："如果可能的话，不应该对任何人有怨恨的心理。"

当耶稣说"爱你的仇人"的时候，他也是在告诉你：怎么样改进你的外表。你一定见过这样的女人，她们的脸因为怨恨而有皱纹，因为悔恨而变了形，表情僵硬。不管怎样美容，对她们容貌的改进，也比不上让她心里充满了宽容、温柔和爱所能改进的一半。

你也许不能像圣人那般去爱你的仇人，可是为了你自己的健康和快乐，你至少要忘记他们，这样做实在是很聪明的事。艾森豪威尔将军的儿子约翰说："我爸爸不会一直怀恨别人。"他说："我

爸爸从来不浪费一分钟，去想那些不喜欢的人。"

在加拿大杰斯帕国家公园里，有一座可算是西方最美丽的山，这座山以伊笛丝·卡薇尔的名字为名，纪念那个在1915年10月12日像军人一样慷慨赴死——被德军行刑队枪毙的护士。她犯了什么罪呢？因为她在比利时的家里收容和看护了很多受伤的法国、英国士兵，还协助他们逃到荷兰。在10月的那天早晨，一位英国教士走进军人监狱——她的牢房里，为她做临终祈祷的时候，伊笛丝·卡薇尔说了两句将刻在纪念碑上不朽的话语："我知道光是爱国还不够，我一定不能对任何人有敌意和恨。"4年之后，她的遗体转移到英国，在西敏寺大教堂举行安葬大典。人们常常到国立肖像画廊对面去看伊笛丝·卡薇尔的那座雕像，同时朗读她这两句不朽的名言。

学着宽恕吧！遇事记恨别人的人，往往不能从被伤害的阴影中平安归来，痛苦总是如影随形，受伤害的反而是自己。因此，你一定要尽己所能地宽恕别人，这样做也正是在宽恕自己。

人生不仅要能承受，更要能释怀

对于伤害，你越在意，它刺痛你的程度就越深。你终日想着那些不幸的经历和不可挽回的伤害，不但惩罚不了伤害你的人，反而会越加剧自己的痛楚，这是我们自己在惩罚自己。

一个女孩被强暴了，她非常痛苦。她来到庙里祈愿，希望佛祖严厉惩罚伤害她的那个人。庙里的老和尚看到她一脸悲伤和怨愤，便慈悲地问她发生了什么事。

女孩顿时大哭起来，她泣不成声地说："我好惨啊，我多么的不幸，我这一辈子都忘不了这件事情了……"

听罢她的哭诉，老和尚说："女施主，你被强暴是你自愿的？"

女孩被老和尚的话吓了一跳，愤怒地斥问："你这个出家人怎么这样说话！我怎么可能是自愿的！"

老和尚说："你被他伤害了一次，但你在心里天天甘愿被他再伤害一次，那么一年下来，就被他伤害了 365 次。"

"这是怎么回事呢？"女孩听出老和尚话中有话，但她并不十分明白。

"在你身边发生了一件不好的事情，你好像看了一场不好的电影一样，天天在回想，这不是很笨的事情吗？这与重蹈覆辙有什么区别呢？"

时刻回忆别人对你的伤害，就是用别人的错误来惩罚自己。如果能放开心胸，原谅自己曾经的不幸，原谅自己曾经的无知，原谅自己曾经的沉沦与颓废，把过去的不快统统抛到脑后，那么，一切都可以重新开始。

被丧心病狂的男友毁容后的台湾女孩曾德惠，从容地站在记者面前。她面目全非，但仍调侃说："如果大家能看到我洁白的牙，说明

我在笑!"经过40多次手术,痛得她没空想别的,包括去恨什么人。

为了谋生,她上街兜售干燥花香包;为了未来,她决心上大学,但必须从高中读起……"我没有手了,没有耳朵、没有鼻子,嘴巴合不拢,最要命的是,连胸部都烧掉了。"

她讲得很轻松,像在讲别人的故事,不过,她担心以后没有男人会再爱上自己。有一次,她去影院看恐怖电影《贞子》,上厕所出来,她说,没被"贞子"吓倒的观众,反而被我给吓倒了!

她笑着说,听的人却难过不已。

每次出门,她会在全身唯一完好的部位——10个脚趾上涂层蓝色指甲油,以提醒自己曾经有过的美丽。

可敬的曾小姐没有扔掉镜子,因为她要面对现实。有时,这比面对死亡更需要勇气!

释怀,并不意味着否认发生过的痛苦的事情。释怀是强有力的肯定,坏事将不会毁坏我们的现在,尽管它曾毁坏过。

人生如白驹过隙,如果我们在伤痕里执迷不悟,是否太亏欠这似水流年呢?学会淡忘,学会洒脱,人生才会有属于自己的精彩。

给不了你现在的人，也给不了你将来

一件事，就算再美好，一旦没结果，就不要再纠缠，久了你会累，会倦；一个人，就算再留恋，如果抓不住，就适时放手，久了你会神伤，会心碎。有时，放弃才是明智，你错失了夏花绚烂，将会走近秋叶静美。任何事、任何人，都会成为过去，不要跟它过不去，无论多难，我们都要学会抽身而退。

爱是一条流动的河流

　　爱情中，聚聚散散、离离合合是一个很正常的事，一如四季交替，阴晴雨雪。一段爱情，未必就是一个完整的故事，故事发生了也未必就会是一个完美的结局。对于爱情，我们不要将它视为不变的约定，曾经的海誓山盟谁又能保证它不会成为昔日的风景？

　　晓寒和东阳是华南某名牌大学的高才生。他们俩既是同班同学，又是同乡，所以很自然地成了一对形影不离的恋人。

　　一天东阳对晓寒说："你像仲夏夜的月亮，照耀着我梦幻般的诗意，使我有如置身天堂。"晓寒也满怀深情地说："你像春天里的阳光，催生了我蛰伏的激情。我仿佛重获新生。"两个坠入爱河的青年人就这样沉浸在爱的海洋中，并约定等晓寒拿到博士学位就结成秦晋之好。

　　半年后，晓寒负笈远洋到国外深造。多少个异乡的夜晚，她怀着尚未启封的爱情，像守着等待破土的新绿。她虔诚地苦读，并以对爱的期待时时激励着自己的锐志。几年后，晓寒终于以优异的成绩获得博士学位，处于兴奋状态的她并未感到信中的东阳那些许变化，学业期满，她恨不得身长翅膀脚生云，立刻就飞到东阳身边，然而她哪里知道，昔日的男友早已和别人搭上了爱的航班。晓寒找到东阳后质问他，东阳却真诚地说："我对你已无往日的情感了，难道必须延续这无望的情缘吗？如果非要延续的话，你我只能更痛苦。"晓寒只好退到别人的爱情背面，默默地舔舐着自己不见刀痕的伤口。

或许我们会站在道义的立场上，为品德高贵、一诺千金的晓寒表示惋惜，但我们又能就此来指责东阳什么呢？怪只能怪爱本身就具有一定的可变性。

是你的就是你的，不是你的就不要强求，过分的执着伤人且又伤己。

聪明人之所以与众不同，就在于他们勇于放开胸怀接受好的一面，更敢于睁大眼睛不怕痛苦地正视坏的一面，他们深知，好的一面的好处众人皆知，坏的一面里蕴含的好处，不是每个人都可以知道的。

不要憎恨你曾深爱过的人，或许他还没有准备好与你牵手，或许他只不过是个不成熟的大孩子，或许他有你所不知道的原因。不管是什么，都别太在意，别为此伤了自己。你应该意识到，如此优秀的你，离开他一样可以生活得很好。你甚至应该感谢他，感谢他让你对爱情有了进一步的了解，感谢他让你在爱情面前变得更加成熟，感谢他给了你一次重新选择的机会，他的背叛，或许正预示着你将迎接一个更美丽的未来。

不能爱了，就不要一直怀念

只要真心爱过，分离对于每个人而言都是痛苦的。不同的是，聪明的人会透过痛苦看本质，从痛苦中挣脱出来，笑着对新的生活；愚蠢的人则一直沉溺在痛苦之中，抱着回忆过日子，从此再不见笑容……

小菲失恋了，她没有花大把的金钱去欧洲旅游散心，于是便躲进了自己的世界里。不上班的时候，她就一直蜷缩在自己的房间里，抱着抱枕发呆，鼻子上架着不断下滑的眼镜，床上到处扔着擦了鼻涕的纸巾。

她的情绪一直起伏不定，心里一直想着那个离她而去的男人，几乎时时刻刻。她想着在一起时他的温柔与体贴，想到自己从心里笑出来；也会想到他的坏脾气和大男子主义，想到自己的心打了几个结。她甚至有意地不让自己面带笑容，她觉得失恋应该是痛苦的，是无法快速摆脱的。

有时清早醒来，她会告诉自己没有什么大不了的，一个人也可以生活得很好，甚至觉得应该再找一个男人恋爱了。可是一转眼，她就开始回忆起过去的点点滴滴，心一次又一次地纠在一起，疼痛得无以复加。

在小菲看来，自己与他还有些千丝万缕的关联。她极端地怀念已经逝去的爱情，虽然那只是残破的浸满泪珠子的回忆。在小菲的世界里，任何风景都变得悲伤起来。节日里，她觉得唯独自己是个悲伤的小角色，听着撕心裂肺的歌曲，脚步拖沓地走在马路上，行尸走肉一般没有任何表情，只有皱起的眉头和水汪汪的泪眼配合着寒冷的天气，浑身透着忧郁。

爱情面前，不要轻易说放弃，但放弃了，就不要再介怀。经不起考验的爱情是不值得留恋的。爱情里，爱的不仅仅是对方，还有自己。对不珍惜你的人，不需要由他（她）说对不起，你要主动说"对不起"，潜台词是——拜拜！

不爱了就不要一直怀念，纠缠不休，哭着喊着不肯离去的人最卑微。甚至更过分的，有的人还会去伤害、毁掉自己的旧恋人——我爱不成你，怎能让别人去爱？那种阴暗的心理昭然若揭，虽然是少数，但却使人触目惊心。

爱，不要爱得迷失，更不要爱得极端。不能爱了，就把他当作窗前走过的马蹄声，就把他当作驿路上一棵经过的树，就把你看成你生命里的过客，如果可以，送上一点祝福，念一句"只要你过得比我好"。

别做那个要死要活的可怜人

　　人活着，会有许多羁绊和许多欲望，这些东西要是拿掉了，人就会变得很轻松，如果总是背着，最终有可能累死在路上。生活原本是非常纯朴、简单的，学会舍弃自己不特别需要、对人生益处不大的东西，学会放手，保持一颗简单和明朗的心，你会觉得其实生活真的很美好。

　　人，正因为不懂得舍弃才会有许多痛苦。当有了清理自己的智慧时，就会豁然开朗，生命会马上向你展现出另外一个截然不同的景致。

　　雪儿因为她爱的人娶了别人而一病不起，家人用尽各种办法都无济于事，眼看她一天天地消瘦下去，家人、朋友真是看在眼里，急在心上。

　　后来，她的妈妈便带她去看了心理医生。心理医生很快便找到了病情的症结，于是耐心开导她："其实喜欢一个人，并不一定要和他在一起，虽然有人常说'不在乎天长地久，只在乎曾经拥有'，但是并不是所有拥有的人都感觉到快乐。喜欢一个人，最重要的是让他快乐，如果你和他在一起他不快乐，那么就勇敢地放手吧！"

的确如此，喜欢一个人，就要让他快乐、让他幸福，使那份感情更诚挚。在心理医生的耐心开导下，雪儿变得开朗了，也不再郁郁寡欢了，她的病也一下子好了。

有些女孩常如此抱怨："我很爱我的男朋友，为了他我愿意放弃任何东西，他喜欢的我都会去做，他不喜欢的我就不去做。我对他简直是好得不能再好，可他却不是很爱我。我也觉得这样太没自我了，可是我真的无法想象离开他的日子，我觉得我会死的，我总想有一天他也会很爱我。"

当一个人因爱情迷失自我时，就放弃了得到认可和尊重的权利。经营爱情和婚姻，就像抓住手中的沙子，握得越牢，越容易流失。很多人为了经营爱情，放弃了很多，甚至放弃了事业，竭尽全力想抓牢这份爱，但终究失败了。一个人如果把自己的感情全部寄托在别人身上，舍弃了自尊和自我价值，幸福生活就没有了保障。

《卧虎藏龙》里有一句很经典的话：当你紧握双手，里面什么也没有；当你打开双手，世界就在你手中。紧握双手，肯定是什么也没有，打开双手，至少还有希望。很多时候，我们都应该懂得放弃，放弃才会使自己获得快乐！

有的时候路走错了，如果你毫无意识地继续走下去，那么你离目标将会越来越远，这个时候能够停下来就是进步。

他的离开，何尝不是你的幸运

爱情是两个原本不同的个体相互了解、相互认知、相互磨合的过程。磨合得好，自然是恩爱一生，磨合得不好，便免不了要劳燕分飞。当一段爱情画上句号，不要因为彼此习惯而离不开，抬头看看，云彩依然那般美丽，生活依旧那般美好。其实，除了爱情，还有很多东西值得我们为之奋斗。

放下心中的纠结你会发现，原本我们以为不可失去的人，其实并非如此。你今天流干了眼泪，明天自会有人来逗你欢笑。你为他（她）伤心欲绝，他（她）却与别人你侬我侬、自得其乐，对于一个已不爱你的人，你为他（她）百般痛苦是否值得？

一个失恋的女孩在公园中哭泣。

一位老者路过，轻声问她："你怎么啦？为什么哭得这样伤心？"

女孩回答："我好难过，为何他要离我而去？"

不料老者却哈哈大笑，并说："你真笨！"

女孩非常生气："你怎么能这样？我失恋了，已经很难过，你不安慰我就算了，还骂我！"

老者回答说："孩子，这根本就不用难过啊，真正该难过的应该是他！要知道，你只是失去了一个不爱你的人，而他却是失去了一个爱他的人及爱人的能力。"

是的，离开你是他的损失，你只是失去了一个不爱你的人，离开一个不爱你的人，难道你就真的活不下去了吗？不，这个世界上没有谁离不开谁，离开他你一样可以活得很精彩。与其怀念过去，不如好好把握现在，要相信缘分，未来你可能会遇到比他更好的，更懂得珍惜你的人！

有些事、有些人，或许只能够作为回忆，永远不能够成为将来！感情的事该放下就放下，你要不停地告诉自己——离开你，是他的损失！

肖艳艳一直困扰在一段剪不断、理还乱的感情里出不来。

吴清的态度总是若即若离，其人也像神龙一样，见首不见尾。肖艳艳想打电话给他，可是又怕接的人会是他的女朋友，会因此给他造成麻烦。肖艳艳不想失去他，可是老是这样，有时自己也会觉得很无奈，她常常问自己："我真的离不开他吗？""是的，我不能忘记他，即使只做地下的情人也好。只要能看到他，只要他还爱我就好。"她回答自己。

但是该来的还是会来。周一的下午，在咖啡屋里，他们又见面了。吴清把咖啡搅来搅去，一副心事重重的样子。肖艳艳一直很安静地坐在对面看着他，她的眼神很纯净。咖啡早已冰凉，可

是谁都没有喝一口。

他抬起头，勉强笑了笑，问："你为什么不说话？"

"我在等你说。"肖艳艳淡淡地说。

"我想说对不起，我们还是分开吧。"他艰涩地说。"你知道，这次的升职对我来说很重要，而她父亲一直暗示我，只要我们近期结婚，经理的位子就是我的。所以……"

"知道了。"肖艳艳心里也为自己的平静感到吃惊。

他看着她的反应，先是迷惑，接着仿佛恍然大悟了，忙试着安慰说："其实，在我心里，你才是我的最爱。"

肖艳艳还是淡淡地笑了一下，之后转身离开了。

一个人走在春日的阳光下，空气中到处是春天的味道，有柳树的清香、小草的芬芳。肖艳艳想："世界如此美好，可是我却失恋了。"这时，那一种刺痛突然在心底弥漫。肖艳艳有种想流泪的感觉，她仰起头，不让泪水流出来。

走累了，肖艳艳坐在街心花园的长椅上。旁边有一对母女，小女孩眼睛大大的，小脸红扑扑的。她们的对话吸引了肖艳艳。

"妈妈，你说友情重要，还是半块橡皮重要。"

"当然是友情重要了。"

"那为什么月月为了想要萌萌的半块橡皮，就答应她以后不再和我做好朋友了呢？"

"哦，是这样啊。难怪你最近不高兴。孩子，你应该这样想，如果她是真心和你做朋友就不会为任何东西放弃友谊，如果她会轻易放弃友谊，那这种友情也就没有什么值得珍惜的了。"母亲轻轻地说。

"孩子，知道什么样的花能引来蜜蜂和蝴蝶吗。"

"知道，是很美丽很香的花。"

"对了，人也一样。当你像一朵很美的花时，就会吸引到很多人和你做朋友。所以，放弃你是她的损失，不是你的。"

"是啊，为了升职放弃的爱情也没有什么值得留恋的。如果我是美丽的花，放弃我是他的损失。"肖艳艳的心情突然开朗起来了。

事实告诉我们，对待感情不可过于执着，否则伤害的只能是自己。

他不爱你，你别怪他

爱情全靠缘分，缘来缘去，不一定需要追究谁对谁错。爱与不爱又有谁可以说得清？当爱着的时候只管尽情地去爱，当爱失去的时候，就潇洒地挥一挥手吧，人生短短几十年而已，自己的命运把握在自己手中，没必要在乎得与失、拥有与放弃、热恋与分离。

失恋之后，如果能把怨恨放下，就会懂得真正的爱。虽然在偶尔的情景下依然不免酸楚、心痛。

卢梭 11 岁时，在舅父家遇到了比他大 11 岁的德·菲尔松小姐，她虽然不很漂亮，但她身上特有的那种成熟女孩的清纯和靓丽还是将卢梭深深地吸引住了。她似乎对卢梭也很感兴趣。很快，两人便轰轰烈烈地像大人般恋爱起来。但不久卢梭就发现，她对他的好只不过是为了激起另一个她偷偷爱着的男友的醋意——用卢梭的话说"只不过是为了掩盖一些其他的勾当"时，他年少而又过早成熟的心便充满了无比的气愤与怨恨。

他发誓永不再见这个负心的女子。可是，20 年后，已享有极高声誉的卢梭回故里看望父亲，在波光潋滟的湖面上游玩时，他竟不期然地看到了离他们不远的一条船上的菲尔松小姐，她衣着简朴，面容憔悴。卢梭想了想，还是让人悄悄地把船划开了。他写道："虽然这是一个相当好的复仇机会，但我还是觉得不该和一个 40 多岁的女人算 20 年前的旧账。"

爱过之后才知爱情本无对与错、是与非。在遭到自己最爱的人无情愚弄后卢梭的悲愤与怨恨可想而知，但是重逢之际，当初那种火山喷涌般的愤怒与报复欲未曾复燃，并选择了悄悄走开，这恰好说明世上千般情，唯有爱最难以说清。

如果把人生比作一棵枝繁叶茂的大树，那么爱情仅仅是树上的一颗果子，爱情受到了挫折、遭受到了一次失败，并不等于人生全部失败。世界上有很多在爱情生活方面不幸的人，却成了千古不朽的伟人。因此，对失恋者来说，对待爱情要学会放弃，毕竟一段过往不能代表永远，一次爱情不能代表永生。

聚散随缘，去除执着心，一切恩怨都将在随着水的流逝而淡去。那些深刻的记忆也终会被时间的脚步踏平，过去的就让它过去好了，未来的才是我们所应该企盼的。

尝过忧伤的人，更知道什么是幸福

这个世界上，没有什么是不可以改变的。美好、快乐的事情会改变，痛苦、烦恼的事情也会改变，曾经以为不可改变的，许多年后，就会发现，其实很多事情都改变了。改变最多的，竟是自己；不变的，只是小孩子美好天真的愿望罢了！所以当一份感情不再属于你的时候，就果断地放弃它，然后乐观等待你的下一次！

郑艳雪花龄之际爱上了一个帅气的男孩，然而对方不像郑艳雪爱他那样爱自己。不过，那时的郑艳雪对爱情充满了幻想，她认为只要自己爱他就足够了，自己只要有爱，只要能和自己爱的人在一起，这一辈子就是幸福的。于是，情窦初开的郑艳雪不顾闺蜜劝说，毅然决然地嫁给了那个男孩。然而，婚后的生活与郑艳雪对于爱情的憧憬完全是两个样子，从结婚那天起，郑艳雪的幸福就已经告一段落。她的丈夫爱喝酒，只要喝醉了就对她拳脚相

加，即便是在外边惹了气，回到家中也要拿她来撒气。两年以后，郑艳雪产下一女，丈夫对她的态度更不如前，就连婆婆也对她骂不绝口，说她断了自家的香火。

后来，她丈夫又勾搭上了别的女人，终日里吵着要离婚，最终郑艳雪忍受不了屈辱，签下《离婚协议书》，带着不满3岁的女儿远走他乡。

时年已近30的郑艳雪虽然被无情的岁月、困难的命运褪去了昔日的光鲜，却增添了几分成熟女人的韵味，依旧展现着女人最娇艳的美丽。于是，便有媒人上门提亲，据说对方是个过日子的男人，就因为当年成分不好而耽搁了终身大事，改革开放后靠手艺吃饭。郑艳雪因为想给女儿一个完整的家，所以当时并没有考虑对方是不是自己爱的人，没有多问就嫁给了那个叫孙立佳的男人。

过门以后郑艳雪才发现，那个男人长得又黑又丑，满口黄牙，而且他的所谓手艺也只是顶风冒雨地修鞋而已。见到孙立佳的那一刻，别说爱上他了，郑艳雪心中甚至有一种上当受骗的感觉，但是她知道，自己已经没有任何退路了。

然而，就是这样一个不起眼的丑男人，却让她深切体会到了男女之间真正的爱情。

结婚之后，孙立佳很是宠她，不时给她买些小玩意，一个发夹、一支眉笔……有一次，甚至还给她带回了几个芒果。在以往近30年的岁月中，郑艳雪从来没有用过这些东西，更不用说吃芒果了。

在吃芒果的时候，孙立佳只是傻傻地看着她，自己却不吃。郑艳雪让他："你也吃。"他却皱眉："我不爱吃那东西，看你喜欢吃我就高兴。"后来，郑艳雪在街上看到卖芒果的，过去一问才知道，芒果竟要20几元一斤，她的眼睛瞬间红了起来。

那么香甜可口的东西他怎么可能不爱吃？他是舍不得吃呀、是为了让她多吃一些啊！

爱情不是一次性的物品，用完了就不能再用。那段逝去的感情或许只是宿命中的一段插曲，那个不再爱你的人应该只是宿命中的过客而已。上天对每个人都是公平的，他为你安排了一段不完美的爱情，或许只是为了让你体会爱情的甜蜜与忧伤，而真正爱你的人，一定会在不远处等着你，只要你不放弃。

如果分离迫不得已，就放过对方和自己

如果我有一块糖，分给你一半，就有了两个人的甜蜜；如果你我都有一份痛，全部交给我来担，我一个人痛，就足够了。

他和她青梅竹马，很自然相爱了。

20岁那年，他应征入伍，她没去送他，她说怕忍不住不让他

走，她不想耽误他的前程。

到了部队，不能使用手机，他与她之间更多的是书信来往，靠鸿雁传情。每一次看到她的信，他都在心里对自己说：等着我，我一定风风光光娶你进门，与你白头偕老。

3年的时间可以模糊很多东西，却模糊不了他对她的思念。可是突然有一天，她在信中对他说：分手吧！我已经厌倦了这种生活，真的厌倦了！

他不相信，不相信这是真的，他甚至想马上离开部队，回去让她给自己一个解释。可是，那样做就是逃兵啊！

所有的战友都劝他："我们的职责虽说是光荣的，但对于自己的女人来说却是痛苦的。我们让女人等了那么多年，若日后真的荣归故里还好，若不能出人头地，还要让她跟着受苦吗？所以分开了也好。你得看开些，如果实在看不开，等退伍了，兄弟们陪你一起去，向她问个明白。"

退伍那天，他什么都顾不得做，第一时间赶回了家乡，只想快点见到她，问她一句：为什么。可是见到她的那一刻，他彻底心冷了。他不愿相信却又不得不相信，她已嫁做人妻且已为人母。原来，她早忘了他们的爱情。

然而一个偶然的机会让他发现，原来，他曾经送给她的东西，她一样没丢，至今保存。他找到她，想知道为什么，为什么明明没有忘记他，却嫁给他人。在他苦苦的询问与哀求之下，她终于道出了事情的真相。

原来，有一次她去参加朋友的聚会，喝多了酒，他现在的老公曾经是她的追求者，主动送她回家，就在她家的小区里，他们遇到了一位酒驾的业主，他猛地推开她，她无甚大碍，他却残了一条腿。她说："所以，我宁愿嫁给他，照顾他一辈子。只是没想到这份感情里，伤得最深的还是你。"

他沉默了，没有说话。只是静静地听着，就像听故事一样。

他默默地转身走了，烧毁了她送给他的一切，不是绝情，只是想把她彻底忘记。他知道她心里也有痛，他不能在她的心里再撒盐，这种痛，他一个人来忍受，就足够了。

一段感情的终止也许只是一个误会，但已成事实也便无法挽回。也许对方心里也有痛，只是你当时没有理解，他的心情你无法揣摩。可是事情已成定局，那么，剩下的不该是用你最后的勇气去祝福对方吗？

把相恋时的狂喜化成披着丧衣的白蝴蝶，让它在记忆里翩飞远去，永不复返，净化心湖。与绝情无关——唯有淡忘，才能在大悲大喜之后炼成牵动人心的平和；唯有遗忘，才能在绚烂已极之后炼出处变不惊的恬然。

爱人，就是适合自己的那个人

雄孔雀有漂亮的尾羽但不能歌唱，因为雌孔雀并没有能聆听歌声的耳朵；同样的，雄夜莺也无法靠长出华丽青蓝色尾羽去取悦到雌夜莺。

这个世界是多维平行的，不同的人生活在不同的维度、不同的空间之中，有些人之间注定一生无法交流、无法沟通，就算命运安排他们相遇，如果听不到或者根本无法接纳对方的心声，那在一起又有什么意思？

电视剧《蜗居》热播以后，在大众口诛笔伐宋思明和海藻的同时，却忽略了一个现实的问题：宋思明能给海藻的东西，小贝给不了，不管是激情还是物质。换而言之，海藻想要的东西，小贝给不了。所以这段感情即使没有宋思明的加入，也许也不会长久，只因维度不一样。

用"维度"来阐述爱情，或许有些人会感到难以理解，那么我们说得更通俗一点。回想一下，在你的大学时代有没有发生过这样的事情？

　　樱花盛开的季节，颇具文艺范的学长连续几天弹起他心爱的木吉他，在工科女生宿舍楼下浅吟低唱"我的心是一片海洋，可以温柔却有力量，在这无常的人生路上，我要陪着你不弃不散……"对面文学系的姑娘们眼睛中闪烁着晶亮的光芒，多希望有一位英俊的少年能够为自己如此疯狂，而学长的女神，那位立志成为女博士的姑娘却打开窗，羞涩而坚定地说："学长，你……你可不可以安静一点，我们还准备考试呢。"

　　这泼冷水的效果丝毫不亚于那句"我一直把你当哥哥（妹妹）看待"。其实被泼冷水的人也不必灰心丧气，不是你不够优秀，只是你爱慕的对象身处在不同的维度。有时候，你爱的人真的并不适合你，他只是你生命中点燃烟花的人，而烟花的美只缘于瞬间，如果你非要抓住这不属于你的瞬间的美丽，就会像那条最孤独的鲸鱼"52 赫兹"一样。

　　"52 赫兹"是一头鲸鱼用鼻孔哼出的声音频率，最初于 1989年被发现记录，此后每年都被美军声呐系统探测到。因为只有唯一音源，所以推测这些声音都来自于同一头鲸鱼。这头鲸鱼平均每天旅行 47 千米，边走边唱，有时候一天累计唱个 22 小时，但是没有回应。鲸歌是鲸鱼重要的通讯和交际手段，据推测，不但可以召唤同伴，在交配季节更有"表述衷肠"的作用。导致"52 赫兹"幽幽独往独来的原因，是因为该品种鲸鱼的鲸歌大多在 15 至 20 赫兹，"52 赫兹"唱的歌就算被同类听到，也不解其意，无法回应。

　　经营爱情的道理也是一样的，找准处在同一维度的对象很重

要。孤独的"52 赫兹"如果想找到知音，那么可以去唱给频率范围是 20 到 1000 赫兹的座头鲸。如果你还是个纯粹爱情的向往者，不巧倾慕了一位脸蛋漂亮但宁愿坐在宝马车里哭的姑娘，那么，还是趁早"移情别恋"吧。找一个适合自己的人来爱，才能够爱得轻松、爱得自在、爱得幸福、爱得愉快。

爱情有个条件，叫作两情相悦

选择你不爱的人，是践踏他的尊严；选择不爱你的人，是践踏自己的尊严。终有一天，回首过往，最心痛的不是逝去的感情，而是失去的尊严。我们都曾为爱做过傻事，但真正的爱情，是要两情相悦的！

在《乱世佳人》中，思嘉丽少女时代就狂热地爱上了近邻的一位青年艾希礼。每当遇到艾希礼，思嘉丽就恨不得把自己全部的热情都倾注在他身上，然而他却浑然不觉。在思嘉丽向艾希礼表达她的爱恋之情时，被另一个青年白瑞德发现，从此白瑞德对思嘉丽产生了兴趣。艾希礼没有领会思嘉丽的真情，同他的表妹梅兰结婚了，思嘉丽陷入深深的痛苦之中，然而对艾希礼的爱恋依然丝毫没有减弱。

后来"二战"爆发了，白瑞德干起了运送军民物资的生意，并借此多次接触思嘉丽。他非常欣赏思嘉丽独立、坚强的个性，欣赏她美丽的容颜、高贵的气质，狂热地追求她，引导思嘉丽冲破传统习俗的束缚，激发她灵魂中真实、叛逆的内核，让她开始追求真正的幸福。思嘉丽最终经不起他强烈的爱情攻势，他们结婚了。然而思嘉丽却始终放不下对艾希礼的感情，尽管白瑞德十分爱她，她却始终感觉不到幸福，一直不肯对白瑞德付出真爱，以致他们的感情生活出现了深深的裂痕。后来，他们最爱的小女儿不幸夭折，白瑞德悲痛万分，对思嘉丽的感情也失去信心，最终离开了她。白瑞德的离去使思嘉丽最终意识到自己的真爱其实就是他，然而一切都悔之晚矣。

思嘉丽被一个并不爱她的男人蒙蔽了发现爱情的双眼，一生都在追求一种虚无缥缈的感觉，追求一种并不存在的所谓的爱情，当真正的爱情一直围绕着自己时，却被她忽略了。白瑞德选择了一个不爱自己的女人，也因此付出了大量的青春和感情，最终使自己伤痕累累。他们俩的选择都是错误的，因为他们选择了不爱自己的人，致使自己的感情白白地付出，酿成了悲剧。

真正完美的、能够长久地给人带来幸福的爱情，应该是两情相悦的，是双方共同努力营造的。一个巴掌拍不响，单靠一个人的努力，另外一方无所回应，爱情的幼苗不可能发展壮大，爱情的花朵也不可能结出丰硕的果实。

我们在寻找爱情时，一定要找一个既爱自己又被自己深深爱着

的人，找一个与自己的道德观念、人生理想、生活追求相似的人。尽管这样的爱情得来不易，适合自己的伴侣迟迟没有出现，我们也应对真爱抱有坚定而执着的信念，做到"宁缺毋滥"。因为不适合自己的"爱情"不仅不能给自己带来幸福，还会浪费自己的青春和感情，给自己的心灵造成伤害，使我们丧失对真爱的感悟力，使伤痕累累的我们没有信心再去尝试真正的爱情，从而错过人生中的最爱，这难道不是最大的悲剧吗？

他不懂你，没有关系

多年以前，他和她偶然邂逅，彼此相识，从一见倾心到无话不谈。

"你有什么爱好吗？"她问。

"文学，你呢？"他说。

"真的吗？我也是。那你喜欢看什么书？"

"《红楼梦》。"

"太巧了，我也是！"

他们的身影，时而重合，时而平行。

相处了一年以后，他和她来到了彼此相识的地方，路灯下，把他们相反方向的身影拉得很长。

"你觉得林黛玉这个人好吗？"他问。

"她冰清玉洁，对爱情忠贞不渝。"她说。

"可是她心胸狭窄，对人太苛刻。"

"你真的是这样认为的吗？"

"是的。"他很认真地回答。

"可我……"

两个身影各奔东西，只留下一片昏黄的灯光。

置身于漫漫红尘中，每一天都有别离，每天也都有相逢。茫茫人海，谁与谁一见倾情，又是谁与谁擦肩而过。所谓朋友，所谓恋人，一转身，也许就是一生背道而驰，一句再见，也许就是这辈子再不相见。所以，不要停在原地，不要傻傻地等，不要呢喃自语："我这个人，为什么你不懂？"

风有风的心情，雨有雨的心声，你的所想怎能人人都懂？你的心声，怎能人人遵从？做好你自己，才是最好的言行。人与人之间的故事，就是一点一滴的缘分凑成，他不懂你，你不懂他，说明彼此的缘分还没水到渠成。

他说你冷面寒霜，其实不知道，你的火热在心中；

他说你淡漠无情，其实不知道，在街角看到那个乞讨的小孩，你早已泪如雨下；

他说你自负癫狂，其实不知道，你只是不愿向功利世俗去妥协；

他说你爱得不深，其实不知道，你只是不想万劫不复，只是刚好爱到七八分；

他说你孤僻高深，其实不知道，你只是希望遇到一个真正懂你的人。

也许你与他，就像不同时区的钟，看起来好像在一起滴滴答答，其实大相径庭。你没有走进他那个时区，他就跟随不了你的分分秒秒。你们之间就好像隔了一层薄薄的纱，看似若有若无，实则彼此都看不清，所以他不懂你，你别怪他。

这世上找不到那么多的不离不弃，也没有那么多的理所应当。能珍惜的便珍惜，毕竟，缘分来之不易。但不是所有的错过和失去都不值得原谅，留不住的只是朝露昙花，再美不过刹那芳华。人与人之间，懂了就是懂了，不懂，你再解释，依旧不懂。他不懂你，你别怪他，不是为了显示自己有多么大度，也不是为了显示自己有多么随性，只是要让自己明白，每个人都有一个死角，自己走不出来，别人也闯不进去，我们都习惯把最深沉的秘密放在那里，所以他不懂你，你别怪他。

其实难过的时候，不一定非要有个人陪在身边，宽慰几句、安抚几许。无聊的时候，发会呆，享受一下孤独的时光。不言不语，不卑不屈，让思想迸发出来的火花，照亮心里的角落，别怪自己，也别怪别人。

我们一直试图找到那些真正懂我们的人，但往往却是造化弄人。或许有一天，我们的努力会被人感受，有人愿意从内心里去了解我们；或许我们的努力一直不能被人感知，他们淡漠了我们的这种追求。无论如何，都要释怀，能被感知自然舒心，不能被感知，也要学会宽心。

不许哭，这个世界从来不曾对谁温柔过

　　每天，都有些事情像爆竹一样在我们身边"噼噼啪啪"炸开，有些人被炸伤，有些人躲开了。如果你被炸伤了，"不要哭，很难看，哭也不会改变什么，这个世界从来不曾对任何人温柔过。"

伤痕，也是生命的一部分

生命中的磨难，其实比一帆风顺更有价值。因为"成功的滋味都差不多，但失败的滋味却有千百种。所以成功不能让人成长，失败才能让人成长"。

英国劳埃德保险公司曾从拍卖市场买下一艘船，这艘船 1894 年下水，在大西洋上曾 138 次遭遇冰山，116 次触礁，13 次起火，207 次被风暴扭断桅杆，然而它从没有沉没过。

劳埃德保险公司基于它不可思议的经历及在保费方面带来的可观收益，最后决定把它从荷兰买回来捐给国家。现在这艘船就停泊在英国萨伦港的国家船舶博物馆里。

不过，使这艘船名扬天下的却是一名来此观光的律师。当时，他刚打输了一场官司，委托人也于不久前自杀了。尽管这不是他的第一次失败辩护，也不是他遇到的第一例自杀事件，然而，每当遇到这样的事情，他总有一种负罪感。他不知该怎样安慰这些在生意场上遭受了不幸的人。

当他在萨伦船舶博物馆看到这艘船时，忽然有一种想法，为什么不让他们来参观参观这艘船呢？于是，他就把这艘船的历史抄下来和这艘船的照片一起挂在他的律师事务所里，每当商界的委托人请他辩护，无论输赢，他都建议他们去看看这艘船。它使我们知道：在大海上航行的船没有不带伤的。

人生的路途就是这个样子，颠簸在所难免，抱怨没有用，逃避不可能，现实的人生还需要现实的方法去处理。我们应该相信自己拥有无限的潜能，并永远将精力放在探索内在的自我和开发自己无限的潜能上头，而不是去抱怨环境或抱怨无法改变的客观世界。这才是生命中真正的喜悦。

人生经过痛苦，才能脱胎换骨

有人说过，人的脸型就是一个"苦"字，天生就该受尽各种苦难。想人的一生，在自己的哭声中出世，在亲人的哭声中辞世，中间百十年的生活，无时无刻不在与困苦、疾病、灾害等打交道。

苦难，就像是人的影子，从生到死如影随形地跟随在我们身边。不知道什么时候，它就会伸出一只手，将人推倒在地，然后幸灾乐祸地看着你。而你，要么惊慌失措，让苦难得意扬扬；要么马上站起来，抛给苦难一个不屑的眼神。但苦难也会重新陪着你，企图下一次在你不注意的时候，再次让你跌倒。

被苦难推倒的时候，那滋味的确不好受，有时它就像是一座巨山，压得你喘不过气来。我们多少次诅咒这苦难，希望它一去不复返，然而现实，总是与愿望背道而驰。所以，你只能学着接受苦难。其实，困难带给我们的也不仅仅是苦辣酸，因为如果把一生泡在蜜罐里，你是感觉不到甜的。正是因为有了苦味，我们才知道珍惜。人这一生，总有些苦是必须要吃的，今天不苦学，少了精神的滋养，注定了明天的空虚；今天不苦练，少了技能的支撑，注定了明天的贫穷。所以，即使再苦再难也要笑着走下去，这是我们成长中所必须经历的坎，跨过它，就会感悟到生命不一样的精彩。

台湾作家林清玄写过一个故事：有一年上帝看见农民种的麦子结实累累，上帝觉得很开心。农夫见到上帝却说："50年来我没有一天停止过祈祷，祈祷年年不要有风雨、冰雹，不要有干旱、虫灾。可无论我怎样祈祷总不能如愿。"这时，农夫忽然吻着上帝的脚说："我全能的主呀！您可不可以明年承诺我的恳求，只要一年的时间，不要大风大雨、不要烈日干旱、不要有虫灾？"

上帝说："好吧，明年必定如你所愿。"

第二年，由于没有狂风暴雨、烈日与虫灾，农民的田里果然结出很多麦穗，比往年的多了一倍，农民高兴不已。可等到收获的时候，农夫发现所有的麦穗竟全是瘪瘪的，没有什么好粒籽。农夫含泪问上帝，说："这是怎么回事？"

上帝告诉他："由于你的麦穗避开了所有的考验，所以才变成这样。"

一粒麦子，尚且离不开风雨、干旱、烈日、虫灾等考验，对于一个人，更是如此。

"草木不经风霜，则生意不固；吾人不经忧患，则德慧不成。"近代哲人沈近思如是说。生命中难免有暗夜，然而只要我们心怀阳光，坚强地面对，一定会发现，生命中的每一次苦难对于我们而言都是那么地富有深意。

不是每一种苦难都是灾难

一位老人拿着一把柴刀，使劲地砍路边的一棵歪枣树，口里念念有词"叫你不结枣！"可能有人觉得很好笑，枣树能够听得懂他说的话吗？

一个女人正在和一只母鸡生气，它不生蛋了，天天待在窝里孵蛋，把几个蛋都压碎了。女人拎住了它的翅膀，说："把它浸到水里。"乍暖还寒的时候，鸡不会被冻坏吧？万一以后再也不能生蛋了怎么办？

然而，枣树被砍后，果真来年枝头就结满了枣子，母鸡被浸水以后，果然又开始生蛋了。

世上的万物着实有些奇怪，竟然需要遭受一些"惩罚"才能"乖乖听话。"

帕瓦罗蒂的家境十分贫寒，他有一个做面包师的父亲和在雪茄厂做工人的母亲，然而这些却从未动摇过一个孩子对歌唱的执着。

每次上完声乐课后，帕瓦罗蒂还要做每个月仅 8 美元的家教，这对他来说是杯水车薪。为了能够支付学习声乐的费用，于是他又做保险，却因此导致声带受损，无法发音。这对于他来说无异于雪上加霜。疾病几乎令他却步！但他的骨子里却一直有着顽强不息的斗志。

痊愈后的帕瓦罗蒂开始在意大利一家歌剧院演出。他备受排挤、压制，表演的机会少得可怜，但他始终没有放弃，坚持潜心苦练。1963 年世界著名指挥家冯·卡拉发现了这个人才。在 1970 年《军中女郎》的一个咏叹调，他以一连串爆发 9 个高音 C 的奇迹，征服了美国音乐人赫伯特·布莱斯林，同时也征服了世界。一个穷孩子成长为男高音歌唱家，靠的就是与困境进行顽强斗争的精神。

苦难往往是经过化装的幸福。"黑暗并不可怕。"波斯一位圣哲说。苦难往往是令人心酸的，但它却是有益于身心的。不屈不挠的人是自信的，他人生的字典写满成功；不屈不挠的人是刚强的，他总有一个支撑自己的精神支柱。最高尚的品格是不屈不挠磨炼出来的，一颗坚韧而又刚毅的心灵从炼狱般的锻造中所获取的要比从安逸享受中产生的成功多的多。

同一种命运，对刚毅的人和懦弱的人会有不同的结局。懦弱的人屈从命运，刚毅的人用不屈不挠的精神改造命运，锻造人生。

流过血的手指，才能弹出人间的绝唱

其实，羁绊坎坷是人生对你的另一种形式的馈赠，刀枪剑戟不过是对你的意志的磨炼与考验，你得明白：大海如果缺少了汹涌的巨浪，就会失去其雄浑壮阔；沙漠如果缺少了狂舞的飞沙，就会失去其狂野壮观；如果维纳斯不是断臂，她又怎么能名扬天下？

中国的"断臂维纳斯"——刘伟你可曾听过？他是 2011 年感动中国十大人物之一。在中国达人秀现场，刘伟空着袖管登上舞台，坐到钢琴前，一曲《梦中的婚礼》响起……曲终，全场起立鼓掌。当评委高晓松问刘伟是怎样做到这一切时，刘伟说了一句："我的人生中只有两条路，要么赶紧死，要么精彩地活着。"

命运跟刘伟开了一个天大的玩笑，它给了刘伟一个美妙的开局，却迅速吹响了终场哨。对刘伟而言，10 岁时的记忆，是那么残缺不全，1997 年，10 岁的刘伟因触电意外失去双臂。"怎么触电的？其实我自己是记不起来了，我的这部分记忆已经丢失。"刘伟说，"只记得醒来时，已经彻底失去了双臂。当时我的脑袋一片空白，傻了。"刘伟描述着自己当时的心情。

在医院做康复的那段时间，刘伟遇到了生命中的一位贵人，他带给了刘伟截肢后的第一次改变。那是一位同样失去双手的病人，他叫刘京生，北京市残联副主席。他能自己吃饭、刷牙、写字，而且事业上也非常成功，他教了刘伟很多。刘伟很感谢刘京生，因为有着同样的遭遇，刘伟开始向刘京生学习，"如果你一出生就有两个脑袋，别人都觉得很奇怪，怎么有两个脑袋呢？无所适从。但当你遇到一个同样有两个脑袋的人，而且你发现他过得很好，那你肯定会想，他过得好，我也可以。"半年以后，刘伟已经能够自己用脚刷牙、吃饭、写字了。

12岁时，刘伟开始学习游泳，并且进入了北京残疾人游泳队，两年之后，他就在全国残疾人游泳锦标赛上获得了两金一银。北京获得举办奥运会资格以后，刘伟对母亲许下承诺——在2008年的残奥会上拿一枚金牌回来！然而，命运仍然是那么的无情，在为奥运会努力做准备时，高强度的体能消耗导致了免疫力的下降，刘伟患上了过敏性紫癜。医生告诉母亲，高压电对于刘伟身体细胞有过严重的伤害，不排除以后患上红斑狼疮或白血病的可能，他必须放弃训练，否则将危及生命。刘伟只能放弃，不能为了比赛，命都不要了吧。

19岁时，高考临近，刘伟的成绩并不差，但是他的内心却有了疑虑，"内心有激烈的冲突——到底要不要上大学？"在放弃了足球、游泳之后，他把希望完全放在了另一项爱好上——音乐。家人反对他走音乐这条路，但被刘伟宣判反对无效，刘伟最终没有参加高考。"人最开心的事情就是能从事自己喜欢的职业，所以我最终选择了音乐。"刘伟说。

确定了自己的理想以后，一个问题摆在那里——去哪里学习音乐呢？刘伟找到一家私立音乐学院，然而校长却说："你进我们学院只能是影响校容！"刘伟对此的回答是："谢谢你这么歧视我，我会让你看看我是怎么做的。"

刘伟开始用脚学习钢琴，我们完全可以想象这需要付出多大的努力。要知道，很多正常人用手练了多少年都不一定会有起色。为了能够有所收获，刘伟坚持每天练琴 7 个小时以上。"我是三点一线的生活：练琴、学音乐、回家。我家在五道口，练琴的地方在沙河，学音乐的地方在四中，那时真是精神和体力的双重考验。"在脚趾头一次次被磨破以后，刘伟逐渐摸索出了如何用脚来和琴键相处的办法。如同在游泳上的表现，他对音乐的悟性同样惊人。"没有手，用脚一样能弹钢琴。"刘伟说。

2008 年，只学了一年钢琴的刘伟便已达到相当于用手弹钢琴的专业 7 级水平，在北京电视台《唱响奥运》节目中，他当着刘德华的面弹了一曲《梦中的婚礼》。接着，他弹着钢琴，与刘德华合唱了一首《天意》。双方拥抱之后，刘德华和他约定合作一首歌曲，于是，刘德华新专辑里多了一首叫作《美丽的回忆》的歌。

2009 年，刘伟挑战吉尼斯世界纪录，一分钟打出了 233 个字母，成为世界上用脚打字最快的人。

2010 年，刘伟登上了维也纳金色大厅的舞台，让世界见证了

这个中国男孩的奇迹。

当然，在刘伟创造人生的过程中，也曾遭受过打击，参加《快乐男声》济南赛区预选赛时，"我的歌还没唱几句就被打断，当我们把钢琴抬进来表演时，不到一半，评委就很不耐烦地打断了演奏，然后一句话也不说。我觉得这些都不算什么，眼前的天空会出现5个字：多大点事啊。"

是啊，多大点事啊！挫折是大自然的计划，经历过挫折考验的人们会对事情做出更充分的准备，把心中的残渣烧掉。因此，我们需要勇敢地拥抱挫折，因为它是我们生命中的另一种维生素。生命的确需要苦难来洗礼，在这番历练中，你能扛得住，便是成功，你扛不住，便只能平庸。就像那些温室中的花朵，诗人根本不会浪费笔墨去歌颂，而那傲雪而立的寒梅，古往今来已不知被多少次提起。究其根由，不正是因为它无畏严寒、可以战胜苦难吗？要知道，人生的成功也是这样。

所以，你要从现在开始，微笑着面对生活，不要抱怨生活给了你太多的磨难，不要抱怨生活中有太多的曲折，更不要抱怨生活中存在的不公。当你走过世间的繁华与喧嚣，阅尽世事，你会明白：只有流过血的手指，才能弹出人世间的绝唱。

告别痛苦的手，只能自己来挥动

痛苦的感受犹如泥泞的沼泽，你越是不能很快从中脱身，它就越可能将你困住，乃至越陷越深，直至不能自拔。

厄运的到来是我们无法预知的，面对它带来的巨大压力，怨天尤人只会使我们的命运更加灰暗。所以我们必须选择一种对我们有好处的活法，换一种心态，换一种途径，才能不为厄运的深渊所淹没。

第二次世界大战期间，一位名叫伊莉莎白·康黎的女士，在庆祝盟军于北非获胜的那一天，收到了国际部的一份电报：她的独生子在战场上牺牲了。

那是她最爱的儿子，是她唯一的亲人，那是她的命啊！她无法接受这个突如其来的残酷事实，精神接近了崩溃的边缘。她心灰意冷，万念俱灰，痛不欲生，决定放弃工作，远离家乡，然后默默地了却此生。

当她清理行装的时候，忽然发现了一封几年前的信，那是她儿子在到达前线后写的。信上写道："请妈妈放心，我永远不会忘

记你对我的教导，不论在哪里，不论遇到什么灾难，我都要勇敢地面对生活，像真正的男子汉那样，用微笑承受一切不幸和痛苦。我永远以你为榜样，永远记着你的微笑。"

她热泪盈眶，把这封信读了一遍又一遍，似乎看到儿子就在自己的身边，用那双炽热的眼睛望着她，关切地问："亲爱的妈妈，你为什么不照你教导我的那样去做呢？"

伊莉莎白·康黎打消了离乡背井的念头，一再对自己说："告别痛苦的手只能由自己来挥动。我应该用微笑埋葬痛苦，继续顽强地生活下去。事情已经是这样了，我没有起死回生的能力改变它，但我有能力继续生活下去。"

后来，伊莉莎白·康黎写了很多作品，其中《用微笑把痛苦埋葬》一书颇有影响。书中这几句话一直被世人传颂着："人，不能陷在痛苦的泥潭里不能自拔。遇到可能改变的现实，我们要向最好处努力；遇到不可能改变的现实，不管让人多么痛苦，我们都要勇敢地面对，用微笑把痛苦埋葬。有时候，生比死需要更大的勇气与魄力。"

其实，生活中，我们每个人都可能存在着这样的弱点：不能面对苦难，但是，只要坚强，每个人都可以接受它。假如我们拒不接受不可改变的情况，就会像个笨蛋，不断做无谓的反抗，结果带来无眠的夜晚，把自己整得很惨。到最后，经过无数的自我折磨，还是不得不接受无法改变的事实。所以说，面对不可避免的事实，我们就应该学着像树木一样，坦然地面对黑夜与风暴。

自艾自怜并不具有什么美感

事业不顺、婚姻不顺、生活不顺……种种不顺一时间都让你碰上了。这时，如果你一味地顾影自怜，就会觉得自己是天底下最倒霉的人。从此，在别人面前或者内心里，你成了一个需要别人同情的可怜人，于是你变得真的可怜，而那个真实的自己就这样被掩盖起来。

如果你与生俱来的音乐天赋外加你在钢琴上下了 10 年的苦功，使你成为大众公认的音乐家了，你用你的音乐才能，赚到了进大学的费用；你在大学医科选定了外科专业，专心研习，希望将来能成为对患者有帮助的医生，同时，用音乐作为副业。然而正在你这样热心地期待着将来的事业成功的时候，不幸地遭遇车祸，你的双手被撞坏，在你的专业与爱好上都无法发挥作用。这时候，你该怎么办呢？

倘若你除了音乐的才能之外，还有演说才能，当对外科与音乐都绝望时，你日夜训练，使自己成为一个演说家、教育家。经过几年的训练和研究之后，你居然做到了，并且赚了很多钱，却在这时候，你又得了严重的胃溃疡住进了医院。经过半年多的时间，病虽然好了，但大病初愈还须休养才能恢复。这时候，你又该怎么办呢？

以上的两个问题，都是梅森先生亲身经历的。上天既赋予梅森

先生音乐和演说的才能，同时又赋予他不屈不挠的精神，所以他虽经历了这两种悲惨的境遇，却从没有过自暴自弃的念头。虽然在这两种情形之中，他也曾有过失望，但是，自怜是于事无补的，在这时候，他得到了在小时候曾经发生过的一件事情的帮助。

在他小的时候，他母亲先患伤寒，继之患肺炎，最后又患脑膜炎。医院和医师的记录可以证明在医药史料之中，他的母亲所经过的昏迷状态算是时期最长久者之一。他希望母亲醒过来认得他，可母亲一直没有知觉。有一天晚上，父亲先后请来了几位医师，都说母亲的病无望了。将近半夜的时候，他们的家庭医师告诉父亲说，母亲的生命维持不到天亮了，让父亲预备后事。他听到这悲惨的消息哭叫一声，跪在父亲的脚边，抱着他的踝骨哭了起来。他的父亲立即抱起他来，要他站着，父亲看见他站也站不住只是哭个不休，于是正色望着他，对他说道："儿子啊，这是人类不得不勇敢地站起来去对付的困难事件之一。"

梅森先生在儿童时期，父亲曾有多次对他加以体罚，想给他生活上的教训，但是，在他一生所受到父亲的许多积极的教训之中，无过于在母亲性命垂危的那夜所得到的。

隔了13年，他被汽车撞坏了双手，对于前途完全绝望，他的心不知不觉回到了母亲临危的那夜里，竟忍不住哭了起来。但是他的耳朵里忽然听到父亲的声音："儿子啊，这是人类不得不勇敢地站起来对付的困难事件之一。"

多少年以来，梅森先生到处演说，到处播音，他曾遇到了很多的男女老少来他这里畅谈他们的不幸和悲伤，其中有许多人说：
"实在没办法了，我只得预备自杀！"但是，真的没有办法了吗?
事实上不过甘心自暴自弃罢了！

自怜的人比比皆是，他们就像祥林嫂一样，逢人便诉说自己
的"不幸遭遇"，似乎这个世界上最值得同情的人就是他自己。他
们原本是希望得到别人的理解和认同，结果却让周围的人越发反
感，导致自己的生活圈子越来越狭小、朋友越来越少。

其实，自恋和冷热痛痒一样，也是一种自我察觉，是对现在
状态的自我评价，然后会有相应的情绪和行为来进行自我调节。
从这个角度上说，自怜虽然是一种消极心理，但适当的自怜也是
有益身心的。不过，凡事过犹不及，自怜心理一旦过了头，对人
对己都是祸害。最终像黛玉一样一腔幽怨化作淋漓鲜血也不无
可能。

你不是林妹妹，请不要爱眼泪

都说女人是水做的，所以女人大多爱哭；都说女人是柔弱的，
所以眼泪也成了女人的秘密武器；人说世上本无海，只是因为有
太多的泪，于是，就有了海。孟姜女哭倒了长城，痴情女哭成了

望夫石。但那些毕竟只是传说，眼泪虽然凄美，但靠它是赢取不来你想要的一切的。

现实是残酷的，就算你再用情，谁也无法因为你的眼泪而给你高分。眼泪只能是心底温柔的一种宣泄，释放压力的一种良方，但不能改变你的现实，也改变不了你的悲伤，唯一能解决问题的是坚强的自己，不轻易在别人面前落泪的自己。

17岁时玫琳凯就结婚了，但有了3个孩子之后，她却被丈夫所抛弃了。她很沮丧，整天无精打采的，渐渐地，她的身体也不好了。几位医生诊断说是风湿性关节炎，专家们预言，她很快就会完全瘫痪。

虽然走投无路，但为了3个不能独立的幼子，她擦干眼泪，仍然挣扎着为一家直销产品公司服务，因为每举办一次销售演示聚会，便可挣10～12美元。为了这10～12美元，再难，她都必须微笑地面对她的顾客。

奇怪的是，微笑再微笑之后，她的身体渐渐好了起来，最后所有关节炎的病症都消失了。玫琳凯自嘲地说："原来上帝是喜欢笑脸的。"

在最艰难的岁月里，她是孩子们最有力的支撑和保护，但她毕竟是个女人，她时常为糟糕的境遇流泪，这个时候，孩子们总是对她说："妈妈，不哭！你是最好的妈妈，最好的妈妈怎么能哭呢？"哭是没有用的，玫琳凯一次次擦干眼泪。

1963年，玫琳凯母子用尽所有积蓄，准备成立玫琳凯化妆品公司。可是，灾难再一次降临。就在公司计划开张前的一个月，玫琳凯的第二任丈夫因肺癌和心脏病，猝然离世。

这是她最深爱的男人，这个男人曾与她共度了 14 年的甜蜜时光，要知道，那是她一生中最受宠爱的日子！但一切都结束了。她又流下了眼泪。

她最小的儿子理查德为母亲擦掉眼泪，说："妈妈，哭是没有用的！神与我们同在，请勿放弃！"

玫琳凯点点头，她强忍着悲伤，尽量不让自己的眼泪再次掉落。毕竟，剩下的路，她还得走下去。在她的坚强信念之下，公司安然地度过了创业期，而且，很快便成长为美国一家颇为著名的企业，随着公司名声的扩大，玫琳凯本人也成为了一名具有典范意义的美国成功女性。

带着执着的信念，玫琳凯带领着千千万万不甘平庸、渴望成功的女性，坚定不移地往前走。她像一个美丽的皇后，用她的热忱、爱和欢笑，改变了千千万万女性的生命，也改变了自己的命运。

女人，除非万不得已，不要在别人面前轻易流泪。你的眼泪早该在少女时代就流光了。轻洒泪水并不代表感情丰富，波澜不惊的定力才能衬托出一个成熟女人的优雅气质。

我们要学着擦干眼泪，因为明天的明天也许会经历更多的艰难。我们要学会坚强，学会微笑着去应对未来所发生的一切，不管它是值得庆幸的，还是让人困惑的。我们要相信，当我们的步调越来越从容，越来越冷静，一切困难都不再是困难，一切的一

切都将会过去。

这个世界并不亏欠任何人

有些人，忌恨别人的所获，就刻意忽略别人的付出，把别人的成功归因于世界的不公，给自己的不努力找理由。与此同时，将自己拉入自我欺骗的臆想当中，觉得整个世界都欠自己的，心中悲愤无比。

其实，这个世界不欠任何人的，它给了你存活的空间，这就是最大的恩赐，而你最终活成什么样，是你自己的事情。如果你不够努力，就不要抱怨别人比你得到的多，没有人抢走你任何东西，你的所获，一定程度上与你的付出成正比，而不是别人的错。

事实上，你只看到煤老板一掷千金，却没有看到他们为完成一个挖煤的系统工程，必须要上得讲堂下得井矿；你只看到了别人的小蛮腰，却没看到她们在健身房挥汗如雨；你只看到别人出入高档场所，却没看到人家平日里的辛苦奔忙。

那年的冬天对他来说格外寒冷，他开卡车的父亲出了车祸，因此失去了一条腿，家庭支柱轰然倒塌。从此以后，他们一家人只能吃捡来的菜叶，喝打折处理的咖啡，生活异常艰辛。

他父亲不仅失去了一条腿，还失去了生活的希望，他每日醉生梦死，把自己变成了一个酒鬼。只要他稍不听话，就免不了被父亲一顿暴打。

12 岁那年的圣诞夜，家家灯火通明，香味弥漫，唯有他们家里揭不开锅，父亲发起了无名火，骂他们都是笨蛋。无奈之下，母亲只得让他们到街上去玩。他带着弟弟妹妹饥肠辘辘地在街上游荡，看着商场里琳琅满目的促销商品，一个念头瞬间在心中产生了。他让弟弟妹妹先回家，瞅准时机，快速拿起一罐咖啡塞进棉衣里，谁知正巧被店主看到。店主大喊捉贼，他撒腿就跑，一路跑回家将咖啡送给父亲。父亲很开心，可还没来得及品尝，店主就追进家门，事情败露之后，他遭到一顿毒打。

这个圣诞节对他来说没齿难忘，那种切肤的痛让他发誓要努力奋斗，一定要买得起上好的咖啡。为了减轻母亲的负担，他早上送报纸，放学后去小餐馆打工。只是这微薄的收入还有一部分被父亲偷去买酒，这让他对父亲由惧怕变为厌恶，他们之间很少说话。

少年时的他，为皮衣生产商剥离过动物皮，为运动鞋店处理过纱线，打过无数零工，磕磕绊绊中，他仍以优异的成绩考上了大学。可是，父亲不同意他读大学，要求他去打工赚钱。他怒吼着："我的人生你无权决定，我才不要过和你一样毫无价值的生活，我为你感到耻辱。"

他进入了北密歇根大学，为了节省路费，大学期间他从没回

过家，所有的节假日都在打工。他每个月都给母亲写信，但总会把父亲刻意忽略。毕业后，他成了一名出色的销售员，他拼搏努力的原因，只是想向父亲证明自己的人生选择没有错。

那年，他挣了一笔钱，破天荒地给父亲买了箱上等的巴西黑咖啡豆。他以为父亲会很开心，谁知却遭到父亲的讥讽："你拼命上学，就是为了能买得起上好的咖啡？"为了不被父亲看扁，他决心做出更大的成就来向父亲证明。

那天，母亲打来电话，说父亲想他了，想见他。他从没想到父亲会说出这样的话，当时他正忙着和客户谈判，便没有回去。两个星期后回家，他才知道父亲已经去世了。在整理父亲遗物时，他发现一个锈迹斑斑的咖啡桶，他认得那是 12 岁那年他偷的那罐咖啡。盖上有父亲的字迹：儿子送的礼物，1964 年圣诞节。里面还有一封信，上面写着："亲爱的儿子，作为一个父亲，我很失败，没能提供给你优越的生活环境，但是我也有梦想，最大的梦想就是拥有一间咖啡屋，悠闲地为你们研磨、冲泡香浓的咖啡。这个愿望无法实现了，我希望你能拥有这样的幸福。"

昔日的打骂成了珍贵的记忆，悲伤顿时占据了他整个内心。妻子鼓励他说："既然父亲的愿望是开间咖啡厅，那么我们就替他完成愿望吧！"凑巧的是，西雅图有个咖啡馆想要转让，他毅然辞去年薪 7.5 万美元的职位，盘下了那家咖啡馆，并用短短 20 多年时间从一个小作坊发展成跨国公司。

这就是日后驰名全球的星巴克，那个穷孩子就是舒尔茨。

所得与自己的贡献相等，这就是夏普利值的意思。

你愿意付出，才可能有收获，这就是世界的法则。

谁努力，上帝就偏爱谁。只要你愿意努力，你想要的上帝终究会给你。

当然，不努力也可以，不努力也是人生的权利。但不要自己不努力，偏偏又愤世嫉俗，觉得别人的成就都是投机取巧得来的，就你一个人无辜遭受命运的作弄。觉得别人都不该享受他们的生活，都应该接受你的正义审判。

你的微笑，足以把痛苦埋葬

其实，人生中的痛苦并不可怕，可怕的是我们沉浸在其中停滞不前。那些看似无法挽回的悲剧，只要我们意念强大，勇敢面对，就能修正人生航向，创造人生幸福，实现人生价值。

美国女孩辛蒂在医科大学时，有一次，她到山上散步，带回一些蚜虫。她拿起杀虫剂想为蚜虫去除化学污染，却感觉到一阵痉挛，原以为那只是暂时性的症状，谁料她的后半生从此陷入不幸。

杀虫剂内所含的某种化学物质使辛蒂的免疫系统遭到破坏，使

她对香水、洗发水以及日常生活中接触的一切化学物质一律过敏，连空气也可能使她的支气管发炎。这种"多重化学物质过敏症"，到目前为止仍无药可医。

起初几年，她一直流口水，尿液变成绿色，有毒的汗水刺激背部形成了一块块疤痕。她甚至不能睡在经过防火处理的床垫上；否则就会引发心悸和四肢抽搐。后来，她的丈夫用钢和玻璃为她制做了一所无毒房间，一个足以逃避所有威胁的"世外桃源"。辛蒂所有吃的、喝的都得经过选择与处理，她平时只能喝蒸馏水，食物中不能含有任何化学成分。

很多年过去了，辛蒂没有见到过一棵花草，听不见一声悠扬的歌声，感觉不到阳光、流水和风。她躲在没有任何饰物的小屋里，饱尝孤独之余，甚至不能哭泣，因为她的眼泪跟汗液一样也是有毒的物质。

然而，坚强的辛蒂并没有在痛苦中自暴自弃，她一直在为自己，同时更为所有化学污染物的牺牲者争取权益。后来，她创立了"环境接触研究网"，以便为那些致力于此类病症研究的人士打开一个窗口。几年以后辛蒂又与另一组织合作，创建了"化学物质伤害资讯网"，保证人们免受威胁。

目前这一资讯网已有来自32个国家的5000多名会员，不仅发行了刊物，还得到美国、欧盟及联合国的大力支持。

她说："在这寂静的世界里，我感到很充实。因为我不能流泪，所以我选择了微笑。"

是啊，既然不能流泪，就不如选择微笑，当我们选择微笑地面对生活时，我们也就走出了人生的冬季。

不如意的时候，给心情加点糖

生活是一种对立的存在，没有苦就无所谓甜，如果我们都懂得在不如意的日子里给痛苦的心情加点糖，就没有什么过不去的坎儿。

曾见过这样一位母亲，她没有什么文化，只认识一些简单的文字，会一些初级的算术，但她教育孩子的方法着实令人称赞。

她家的瓶瓶罐罐总是装着不多的白糖、红糖、冰糖，那时候孩子还小，每每生病一脸痛苦，她都会笑眯眯地和些白糖在药里，或者用麻纸把药裹进糖里，在瓷缸里放上一刻，然后拿出来。那些让小孩子望而生畏的药片经这位母亲那么一和一裹，给人的感觉就不一样了，在小孩子看来就充满诱惑，就连没病的孩子都想吃上一口。

在孩子们的眼中，母亲俨然就是高明的魔术师，能够把苦的东西变成甜的，把可怕的东西变成喜欢的。

"儿啊，尽管药是苦的，但你咽不下去的时候，把它裹进糖里，就会好些。"这是一位朴实的家庭妇女感悟出的生活哲理，她没有

文化，但却很懂生活。

这是一种"减法思维"，减去了药的苦涩，就不会难以下咽。如今，她的孩子都已长大成人，也都有了自己的家庭，但每当情绪低落的时候，就会想起母亲说的那句话：把药裹进糖里。

她只是个普通的家庭妇女，在物质上无法给予子女大量的支持，但带给他们的精神财富却足以令其享用一生。她灌输给子女的是一种苦尽甘来的信仰，把生活的苦包进对美好未来的憧憬之中，就能冲淡痛苦；心中有光，在沉重的日子里以积极的心态去思考，就能够改变境况。

其实，我们完全可以把人生想象成一个"吃药"的过程：在追求目标的岁月里，我们不可避免地会"感染伤病"，你可以把药直接吃下去，也可以把它裹进糖里，尽管方式有所不同，但只有一个共同的目的：尽快尽早地治愈病伤，实现苦苦追求的目标。将药裹进糖里减轻了苦痛的程度，在生命力不济之时不妨试试这个方法。

所有的一切都能够应付过去

有多少次困难临头，开始以为是灭顶之灾，感到恐惧，受到打击，似乎无法逃脱，胆战心惊。然而，突然间我们的雄心被激起，内在力量被唤醒，结果化险为夷，一场虚惊。一个真正坚强的人，不管什么样的打击降临，都能够从容应对，临危不乱。当暴风雨来临，软弱的人屈服了，而真正坚强的人镇定自若，胸有成竹。

埃尔文的父亲生病时已经是年近 70 岁了，仗着他曾经是加州的拳击冠军，有着硬朗的身子，才一直挺了过来。

那天，吃罢晚饭，父亲把埃尔文他们召到自己的房间。他一阵接一阵地咳嗽，脸色苍白。他艰难地扫了每个人一眼，缓缓地说："那是在一次全州冠军对抗赛上，对手是个人高马大的黑人拳击手，而我个子矮小，一次次被对方击倒，牙齿也出血了。休息时，教练鼓励我说：'史蒂芬，你不痛，你能挺到第十二局！'我也说：'不痛。我能应付过去！'我感到自己的身子像一块石头、像一块钢板，对手的拳头击打在我身上发出空洞的声音。跌倒了又爬起来，爬起来又被击倒了，但我终于熬到了第十二局。对手战栗了，我开始了反攻，我是用我的意志在击打，长拳、勾拳，又一记重拳，我的血同他的血混在一起。眼前有无数个影子在晃，我对准中间的那一个狠命地打去……他倒下了，而我终于挺过来了。哦，那是我唯一的一枚金牌。"

说话间，他又咳嗽起来，额上汗珠晶晶，流淌而下。他紧握着埃尔文的手，苦涩地一笑："不要紧，才一点点痛，我能应付过去。"

第二天，父亲就过世了。那段日子，正赶上全美经济危机，埃尔文和妻子都先后失业了，经济非常拮据。

父亲死后，家里境况更加艰难。埃尔文和妻子每天跑出去找工作，晚上回来，总是面对面地摇头，但他们不气馁，互相鼓励说："不要紧，我们会应付过去的。"

如今，当埃尔文和妻子都重新找到了工作，坐在餐桌旁静静地吃着晚餐的时候，他们总要想到父亲，想到父亲的那句话。当我们感到生活艰苦难耐的时候，要咬牙坚持，学会在困境中对自己说："瞧，我能应付过去！"

你必须相信，那么多当时你觉得即将要了你的命的事情，那么多你觉得快要撑不过去的打击，都会慢慢地好起来。就算再慢，只要你愿意努力，它也愿意成为过去。面对那些你暂时不能拒绝的、不能挑战的、不能战胜的、不能逆转的，就告诉自己，凡是不能杀死你的，最终都会让你变得更坚强！

爱自己，才是终身浪漫的开始

　　如果我们爱自己，自然也会爱别人。爱自己是一个人得以生存和发展下去的唯一力量。爱自己并不是爱一个理想化的自己，而是爱自己的所有方面——自己的优点和缺点、自己的长处和短处、自己的梦想以及自身的一切矛盾。爱自己是：即使我们觉得自己很懦弱、很笨或者很难看，我也依然爱自己。

幸福，从欣赏自己的那一刻开始

　　生命的精彩需要别人的赞许，但精彩的生命不是仅仅为了刻意让别人欣赏——别忘了，欣赏自己生命的还有我们自己。

　　别人怎么看你，其实不是很重要，因为很多时候，你无须看别人脸色生活，否则你只会给自己徒增压力。

　　最终的是，你怎样看待自己。如果能够欣赏自己，你就可以将自己描绘成一幅画。你可以让画面上长出绿草红花，你可以叫流水潺潺，你可以让山林幽幽，你可以让阳光温柔地照亮这片天堂。一个能在自己的精神世界自由地行走的人，无论他的自身的条件如何，快乐与自信始终是他行走在滚滚红尘的形象。

　　那天风暖日丽，天气异常的好，一个黑人小女孩坐在公园的长椅上看着鸟戏蝶追，白云悠悠，她很羡慕那些能够自由来去的东西，因为，她的腿和别人有些不一样，她来到这里，需要靠妈妈的帮助。

　　一对玩累了的白人母女也来到这里，那个漂亮的小姑娘和她年纪相仿。她忍不住向她看去，然后极不礼貌地大声问妈妈："妈妈，她的腿怎么这样？"妈妈瞪了女儿一眼，小声说："把你的嘴闭上，你这样做很不礼貌，你在伤害她的自尊心。"

那位妈妈的声音虽然压得很低，但女孩还是听见了。她没有任何不自在，而是以那个年纪不该有的成熟笑着说："不要紧的。"然后又指了指自己的腿说："我妈妈说，每个人都是被上帝咬过一口的苹果，都有缺陷。有的人缺陷比较大，是因为上帝特别喜爱他的芬芳。所以我与众不同，妈妈说我更应该快乐，而不要在乎别人的目光。"

这个黑人女孩叫鲁道夫，她出生在美国一个普通黑人家庭，出生时只有 2 公斤重，而后又得了肺炎、猩红热和小儿麻痹症，她几乎夭折。因为家庭贫穷无法及时医治，从那时起，她的双腿肌肉逐渐萎缩，到 4 岁时，左腿已经完全不能动弹。这极大地刺伤了年幼的鲁道夫，而妈妈则告诉她，她是上帝特别喜欢的那只苹果。

鲁道夫 6 岁生日那天，她穿上特制的鞋子，独自下床。谁知脚刚一着地，就支撑不住了。然而，她并没有灰心，她咬紧牙关，扶着椅子，将全部力气集中到双腿上……身子慢慢直了起来。接着，在家人的鼓励声中，她迈出了有生以来的第一步。

11 岁那年，鲁道夫依旧不能正常走路。后来妈妈出了个主意，让她尝试打篮球，以加强腿部肌肉力量。鲁道夫就这样趔趔趄趄地打起了篮球，她忍受着别人的嘲笑，克服着行动上的困难，咬着牙坚持着锻炼。奇迹出现了！——经过一个阶段的锻炼，她不但身体变得强壮起来，而且能够正常走路了，甚至还能够参加正常的篮球比赛。

一次，鲁道夫正在街头玩篮球，恰巧被一个叫 E·斯普勒的田径教练发现，他觉得她有着超人的弹跳和速度，就建议她改练短跑，并热情地鼓励她说："你是一只小羚羊，将来一定会成为世

界短跑纪录创造者和奥运冠军。"

果然，在斯普勒的悉心教导下，鲁道夫迅速成长起来。在田纳西州，她成了全州女子短跑明星，开始在美国田坛初露头角。1995年，在芝加哥举行的第三届泛美运动会上，鲁道夫与队友一同为美国队摘得了 4×100 米接力的金牌。

罗马奥运会上，鲁道夫代表美国队出赛，她先平世界纪录，再破世界纪录，一人独得 3 枚金灿灿的金牌！缔造了美国田径史上的一段传奇。

学会欣赏自己，才能让自己的生命变得高贵。不管现在如何渺小，你依然有机会在生活中谱写童话，创造这大千世界的奇迹。

平时多欣赏一下自己，你就会发现，自己也是"风景这边独好"。

在征服世界之前，请先讨好自己

不喜欢自己的人，总有一箩筐的理由：我太矮、我有青春痘、我不擅长交际、我没有学问、我家境清寒、我父母不体面……

喜欢自己的人，却不一定说得出多么冠冕堂皇的理由。他们喜欢自己，并不盲目，他们不相信自己是十全十美，反而清楚地认识到自己和其他人一样，具有很多缺点。只不过，他们愿意接受自己的一切，一切的优点和缺点，不企图掩饰，不刻意改变；当然，更不会痴妄地羡慕他人。

喜欢自己，是快乐的起点。

人，天生不平等，有美丑胖瘦、高矮贫富，但是也有公平的一面，所有的好条件与所有的坏条件，都不会同时集中在一个人的身上。仔细思索，美丽的人或许太懒惰，以致一事无成；能干的人可能过于操劳，损害了身体；富有的人纵情声色，未必能保有美满的家庭；有学问的人自律严谨，说不定也会失去发财的机会。这样想来，人人都有所得，却也不自觉地失去了什么。

只有喜欢自己的人才知道，快乐的秘密不在于获得更多，而在于珍惜既有。能深刻检点自己所拥有的幸福，就会明白，其实人人都蒙受恩宠，享有莫大的福气。

没有人能确切明白自己是否真的受人欢迎，可是每一个人都可以扪心自问：我是不是喜欢自己？

心理学家凯特发现，要让他人真正喜欢你，就应该培养喜欢自己的特质。或许你会感到十分惊讶，因为一般人认为可以吸引人的美貌、魅力、人际关系等，并不是你需要具备的特质。

这个世界上有很多人生来既不美丽，也不富有，可是却能受到朋友的喜爱，最重要的道理是：他们真心喜欢自己。

假如你能接纳心理学家凯特的建议，或许你也能轻易成为一个喜爱自己的人。

喜欢自己，其实很简单。你无须换上漂亮的衣服，变副讨人喜欢的面孔，说些迎合他人的言语，只要你静下心来，学习看重他人，看重自己，培养成熟独立的个性，你就向"喜欢自己"这个目标，迈进了一大步。

现在，你应该问问自己：谁是这个世界上最重要的人呢？

正确的答案应该是：你自己。

你在忙着想赢得整个世界的肯定之前，别忘记先讨好最重要的一个人——自己。

你又何尝不是别人眼中的风景

你站在桥上看风景，看风景的人在楼上看你。

走在生活的风雨旅程中，当你羡慕别人住着高楼大厦时，也许睡在公园里的人，正羡慕你有一座可以遮风的草屋；当你羡慕别人坐在豪华车里，而失意于自己在地上行走时，也许躺在病床上的人，正羡慕你还可以自由行走……

有很多时候，我们往往不知道，自己在欣赏别人的时候，自己也成了别人眼中的风景。

人生如一本厚重的书，有些书是没有主角的，因为我们忽视了自我；有些书是没有线索的，因为我们迷失了自我；有些书是没有内容的，因为我们埋没了自我……

丽娜的幸福可以说毁在了一次聚会上，那次聚会让她觉得特丢脸。

露露算是这些朋友里最漂亮的，聚会时带了个新男朋友，据说是温州一家大企业的少主，他家在当地很有名望。露露拎了一个 LV 的包包，时不时地打开又收起来，生怕别人看不见。

琪琪大热的天居然围了一条皮草制的小围巾，据说是那个在东北做皮草生意的男友送的，还一个劲地和大家说，这种皮草多么贵，保养如何如何讲究，配衣服如何如何难。搞得跟她自己现在就已经是皮草公司老板娘一样。

凯琳倒没穿戴什么名牌，但不停地提她那个既帅气又有钱的男朋友，大谈他们的结婚计划，房子要在北京买，已经打算雇民工去排队买预约房位了。结婚旅行要到法国……

丽娜觉得自己最灰头土脸，男朋友在一家事业单位做事，虽说工作还算不错，待遇也挺好，可跟她们一比就显得逊色了，而且长得也说不上多帅。丽娜一边鄙夷着女友们的俗气，一边又对人家羡慕得很。回到家里越想越生气，就希望琪琪被她的皮草捂出痱子，琳琳的男朋友家生意破产，凯琳那个男朋友移情别恋。在心里暗暗诅咒了一遍，丽娜又开始抱怨自己的男朋友没有出息，挣不来大钱，两个人为此吵了一架，气得丽娜第二天一整天都没有吃饭。

丽娜越想越不是滋味，终日郁郁寡欢，竟还为此病了一场。病好以后，她开始了各种理由的抱怨、折磨，男友心力交瘁，只能主动提出分手。

丽娜开始彻头彻尾改变自己，她的眼里，只容得下钻石王老五。她与现在的老公是在一个朋友的婚礼上认识的，婚礼结束后第三天，新郎新娘就组织了"答谢饭"。后来丽娜才知道，那顿"答谢饭"主要是新郎一个朋友——赵翰张罗的，为的就是看看自己。赵翰是某集团公司经理，也算是家族企业，家境殷实。之所以至今未婚，朋友说是因为太挑剔，家庭富裕，顾虑就多，思想传统，一直想找一位背景单纯、能贤惠持家的太太。

一心想嫁入豪门的丽娜开始"包装"自己。赵翰不希望找个女强人，很坚持"男主外女主内"，所以丽娜第一次去见赵翰家见家长，就故意明确表示：自己在工作上没什么想法，还是觉得家庭更重要。

赵翰喜欢单纯的女生，丽娜揣摩着说自己最大的爱好就是宅在家里。其实丽娜有一个"特长"——酒量超好。可和赵翰谈恋爱以后，丽娜一直宣称自己不会喝酒。有一次几个朋友一起玩，有朋友在赵翰面前说漏嘴了，丽娜马上极力否认，差点翻脸。这段恋爱，让朋友们从祝福变为尴尬。

最终，丽娜与赵翰修成了正果，两人结了婚。婚后，丽娜按赵翰的意思辞掉工作，一门心思做个全职太太，但现在说起，丽娜有种"上了贼船"的感觉。

首先是家务问题，以前谈恋爱时，丽娜还可以糊弄，结婚后就纸里包不住火了。赵翰觉得丽娜越来越不理事，即使不需要亲自动手的家务事，也需要人安排统筹，可丽娜一点意识也没有。

最关键的是，丽娜内心里对事业还是比较有追求和想法的，在家当全职太太让丽娜的才华被埋没了。丽娜几次提出想出去工作，但都被赵翰一口否决了。

如今，两人已经走到了冷战边缘，丽娜感觉自己都要崩溃了。

丽娜每天都在喝酒，喝自己酿的那杯苦酒。

这世上总有人比你拥有的更多、更好，所以在这场较量中，你不可能"赢"。与他人比，你永远只能一时高兴。

我们没有必要为难自己、质疑自己。每个人都有自己的泪要擦，每个人都有自己的路要走，只要记得：冷了，给自己加件外衣；饿了，给自己买个面包；痛了，给自己一份坚强；败了，给自己一个目标；跌倒了，在伤痛中爬起，给自己一个宽容的微笑继续往前走，这已经足够！

没有什么能阻止你追求幸福

生活中总是这样，上天残酷地紧闭一道门的时候，只要你努力，就会悄悄地敞开另一扇窗，关键在于，你肯不肯去推开它，迎

接生命中的曙光。

在东北吉林有一个袖珍姑娘，她出生时因为母亲难产患上了生长激素缺乏症，只有通过注射生长激素才能长高，但这种东西价格不菲，普通家庭根本承担不起，她的父母含着泪停止了她的治疗，后来，因为骨骺闭合，她的身高最终停留在了 1.16 米，但就算如此，也未能阻止她不断追逐自己梦想的高度。这个姑娘，心理上没有丝毫自卑，除了身高，你看不出她与正常人有什么两样，甚至，她比那些人高马大、四肢健全却一身软骨头瘫为烂泥的人，看上去还要高端大气上档次很多。

其实，一般袖珍人在成长过程中所遭遇的问题和困扰，她都经历过，只是她都能以乐观坚强的性格一一克服。

因为身高的原因，求学时她就遇到了很多困难，入学、升学、考试等各种问题，甚至大学都是站着上完的，但她仍然靠自己的努力顺利通过了英语专业八级的考试，并顺利地毕了业。

作为长春师范院校英语专业的学生，当老师是她最大的梦想，然而 1.16 米的身高注定了她与这份深爱的职业无缘。接下来的每一次招聘会，她都会被无情地伤害，尽管她的英语口语和文笔都比较好，但用人单位只要一看到她的身高，就都会将她拒之门外。那时节，她家周围一些有残疾的、从事卖报纸、修汽车等工作的朋友曾想帮她找一份类似的工作，都被她婉言谢绝了，她不是看不起这样的工作，只是觉得放弃这么多年的所学，真的不甘心。她仍坚持着跑招聘会，后来，长春市一家制药企业终于被她坚强的信念所感动了，他们向她伸出了橄榄枝，与她签订协议聘请其担当英语翻译。

得到了稳定的工作，她开始有计划地去实现自己的梦想，她的梦想有很多，大多与袖珍人有关。这个坚强且博爱的姑娘深知自己的遗憾已经无法弥补，但她不想让更多的袖珍人再留下遗憾，于是经过不懈的努力，"全国矮小人士联谊会"在她的推动下成立了，目前已在全国各地初具规模，在收获事业的同时，她也在联谊会里收获了自己的爱情。

2011年，这个袖珍姑娘身穿白纱挽着自己的爱人步入了神圣的婚姻殿堂，在早些年，这是她从没想到能够实现的梦想。

婚礼上，30多名苏浙沪的袖珍人带着对这对新人的祝福来到现场。"我们也希望能像他们一样幸福，找到可以相伴一生的人！"多名"袖珍姑娘"沉浸在喜悦中。婚礼现场更感人的一幕是，来自全国各地的99名袖珍朋友隔空发来了对新人的祝福视频。从"中国达人秀"走出来的"袖珍明星"朱洁和秦学仕也来到现场，献上了一曲《甜蜜蜜》，祝福新人婚姻甜蜜，生活美满。中国红十字基金会项目管理部副部长周魁庆代表中国红基会赠送了礼物，更带来"成长天使基金"的"爱心天使"佟大为、关悦夫妇的视频祝福。

这个全国知名的袖珍才女名叫逯家蕊，她的微博标签是"袖珍女孩、水晶人生"。

我们追求美，我们追求完美。然而，许多事你无力回天，许多缺失让你无法挽回，但自卑、自怜无济于事。唯一能让自己解脱

的，是选择爱自己的心灵，让你的心完美。也许你没有财富，也许你没有幸福的家庭，也许你没有亮丽的容颜，也许你天生就有残疾，但是，谁说你不能令自己快乐呢?

接受自己的不足，才算接受了自己

正视缺陷，由此我们也将进入另一片风景名胜区。

希尔·西尔弗斯坦在《失去的部件》一书中讲述了这样一个童话故事，一个圆环失去了一部分，于是它旋转着去寻找这个部分。

因缺少这个部分，它只能非常缓慢地滚动，这样它就有机会欣赏沿途的鲜花，并可以与阳光对话，同蝴蝶吟唱，和地上的小虫聊天……这些都是它完整无缺、快速滚动时所无法注意、没能享受到的。

有一天，这个圆环终于找到了丢失的那个部分，它很高兴，又开始滚动起来。可是，因为完整，滚得太快，它失去了所有的朋友，不能再从容地赏花，也没有机会聊天，一切都变得稍纵即逝……这个圆环最后在一片草地上丢下了那个找到的部分，又成为一个有缺陷但快乐的圆。

我们每个人都不是完美无缺的，这是毋庸置疑的事实。如果我们脑海中完美意识过浓，就应该适当地削减些，放弃一些，以平和的心态去看待，将使我们及早地接受这一事实，并且及早地在此方向有所改观，我们也将及早在此受益，这是人生的真谛。

美国心理学家纳撒尼雨·布兰登举过一个他亲身经历的例子：许多年前，一位叫洛蕾丝的24岁的年轻妇女无意中读了他的一本书，找他进行心理治疗。洛蕾丝有一副天使般的面孔，可骂起街来却粗俗不堪，她曾吸过毒、卖过淫。

布兰登说，她做的一切都使我讨厌，可我又喜欢她，不仅因为她的外表相当漂亮，而且因为我确信在堕落的表象下她是个出色的人。起初，我用催眠术使她回忆她在初中是个什么样的女孩子。她当时很聪明，但是不敢表现自己，怕引起同学的忌妒。她在体育上比男孩强，招惹来一些人的讽刺挖苦，连她哥哥也怨恨。我让她做真空练习，她哭泣着写了这样一段话：你信任我，你没有把我看成坏人！你使我感到痛苦，也感到了期望！你把我带到了真实的生活，我恨你！

一年半后，洛蕾丝考取洛杉矶大学学习写作，几年后成为一名记者，并结了婚。10年后的一天，我和她在大街上相遇，我几乎识不出她了：衣着华丽，神态自若，生气勃勃，丝毫不见过去的创伤。寒暄后，她说："你是没有把我当成坏人看待的那个人，你把我看作一个特殊的人，也使我看到了这一点。那时我非常恨你！承认我是谁，我到底是什么人，这是我一生中从未遇到的事。人们常说承认自己的缺点是多么不容易的事，其实承认自己的美德

更是难上加难。"

真正做到放弃完美、自我接受并不容易。因为自我肯定这个事实，你就必须真正保持清醒的头脑，勇敢地承认事实。对完美主义者来说，承认自己的缺陷要比寻常人克服更多的心理障碍，需要更大的勇气来面对。

当你接受了自身不足，这时你才算接受自我，一个人最大的敌人就是自己。如果自己都可以战胜，那还有什么困难不可以克服呢？如此一来，放弃完美，收获更美也就自然是水到渠成的事了。

没有别人长得好看，就比别人活得漂亮

不论我们外表看起来多么丑、多么不堪，我们的本质始终是美好的，生命最原本的喜悦和美好不会因为你的长相而减半。

长相有缺憾的人，多会因此而自卑。这种自卑感压抑了人的自尊心、自信心和上进心，甚而会影响人生一生。这些人显然没有意识到，相貌只是让别人认出你，内心才是真正的自己。

诚然，相貌的美丑的确会影响别人对你的印象，但并不是绝对的影响因素。相貌有缺憾的人并不是一无所长，只要能把自己的长处发挥出来，一样可以令人刮目相看。

凯丝·达莉从小就表现出了不错的歌唱天赋，她想成为一名歌唱演员，但她长得并不好看，而且天生长有龅牙。

长大后，她来到新泽西一家夜总会唱歌。为了掩盖自己的缺点，她总是将上嘴唇尽力下拉，谁知这样一来非但没有使自己变得好看，反而大大影响了歌唱的质量，结果洋相百出。她哭了，哭得很伤心，坐在台下的一位音乐家听出了她的天分，于是说道："我一直在注意你的表演，你很有天分，但你的掩饰动作影响了自己的发挥。坦率地说，我知道你想掩饰什么，龅牙，对吗？可又有谁说龅牙就一定难看？记住，观众欣赏的是你的歌声，而不是你的牙齿，你只要把歌唱好就可以了！"

这番话虽然令凯丝·达莉有些难堪，但同时又使她受到了极大震动。她接受了音乐家的忠告，忘记龅牙，放情歌唱。她的歌声征服了在场的所有人，这使得她迅速走红美国演艺圈，而那几颗一直被她掩藏的龅牙，也成了凯丝·达莉的标志，被歌迷广为称道。

缺陷不是人的弱势，缺陷反而会激发人们求取完善的意志，警策人们自知之明的睿智，提取人们应对失败的心智。正是因此，美学上才有了"丑到极处就是美到极处"的观点。丑是一种缺陷，而正视自身的丑，并且把丑张扬到极致，就是一种美了。

女人，不是男人的附属品

女人一定要"进得厨房，上得厅堂"，不但要照顾好家庭，更要兼顾好自己的事业。即便你的丈夫能够为你提供优渥的生活条件，但你同样要学会独立。因为，独立才能让你找到自我，独立才能让你实现自己的价值，而不是作为男人的附属品，仰人鼻息。因为，独立的女人才能找到自信，才能让你在爱情的两端收放自如。

如果你做不到这一点，那么你就会像下面这位姐妹一样陷入彷徨：

蓉蓉未嫁人前是个小白领，日子过得逍遥自在、无拘无束，闲暇时与朋友泡泡吧、逛逛街，活得非常滋润。

结婚以后，蓉蓉遵照老公的吩咐，辞去工作，当起了全职太太。渐渐地，朋友疏远了，交际变少了，有时做完家务，蓉蓉一个人站在阳台上，望着不远处繁华的街道，心中竟会涌起一阵阵莫名的空虚。

后来，老公以"资金周转不灵"为由，削减了蓉蓉的生活费用，每个月只给她 4000 元的家用，当然，这其中还包括物业费、水电费、煤气费等一切家庭支出。有时，甚至与老公一同外出就餐，还要她掏腰包买单。

我们可以想象一下，区区 4000 块，还要打理家中的一切。蓉蓉自己还能剩下什么？有时，她甚至因为钱不够用，弄得自己节衣缩食，连以前常常光顾的"必胜客"都不敢再去。但是，纵然如此，她也不曾向老公张口。在她看来，自己没有能力养这个家，需要依附老公的"关爱"过日子，所以不能再给老公添麻烦，她甚至觉得再伸手向老公要钱，是一件非常丢脸的事情。

再后来，老公在外面有了别的女人。她不敢与老公争执，她怕失去这份赖以生存的"关爱"，于是她跑去找那个女人，央求她放过自己的老公，女人良心发现，应允了。可是没过多久，老公又摘到了新的"野花"。对此，她伤心透顶，但又无可奈何："如果他不要我，我该怎么活呢？"于是她选择了忍气吞声，但这样的日子要到何年何月才到头呢？

女人，若是彻底放下事业，专心为男人做保姆、生儿育女、打理家务，就会逐渐使自己的思维变得狭窄。更可气的是，对于这样的付出，很多时候男人并不领情。所以说，倘若哪个女人只想着依附男人生活，那么她势必会输得很惨，活得毫无尊严，又遑论幸福美满？

活出自己的人生才是幸福的

人在一定程度上要为自己而活。是的，为自己而活，不能一味地为别人而活。

我们的成功是我们亲手创造的，别人的路不一定适合我们，不要盲目崇拜任何人。你是上帝的原创，不是任何人的附属品，所以在你有限的时间里，活出自己的人生，这才是幸福的。

露西正在弹钢琴，7岁的儿子走了进来。他听了一会儿说："妈，你弹得不怎么高明吧？"

不错，是不怎么高明。任何认真学琴的人听到她的演奏都会退避三舍，不过露西并不在乎。多年来露西一直这样不高明地弹，弹得很高兴。

露西也喜欢不高明地歌唱和不高明地绘画。从前还自得其乐于不高明的缝纫，后来做久了终于做得不错。露西在这些方面的能力不强，但她不以为耻。因为她不愿意活在别人的价值观里，她认为自己有一两样东西做得不错。

"啊，你开始织毛衣了。"一位朋友对露西说，"让我来教你用卷线织法和立体织法来织一件别致的开襟毛衣，织出 12 只小鹿在襟前跳跃的图案。我给女儿织过这样一件。毛线是我自己染的。"露西心想，我为什么要找这么多麻烦？做这件事只不过是为了使自己感到快乐，并不是要给别人看以取悦别人的。直到那时为止，露西看着自己正在编织的黄色围巾每星期加长五六厘米时，还是自得其乐。

从露西的经历中不难看出，她生活得很幸福，而这种幸福的获得正在于，她做到了不是为了向他人证明自己是优秀的而有意识地去索取别人的认可。改变自己一向坚持的立场去追求别人的认可并不能获得真正的幸福，这样一条简单的道理并非人人都能在内心接受它，并按照这个道理去生活。因为他们总是认为，成功者所享受到的幸福就在于他们得到了这个世界大多数人的认可。

其实，获得幸福的最有效方式就是不为别人而活，不让别人的价值观影响到自己，就是避免去追逐它，就是不向每个人去要求它。通过和你自己紧紧相连，通过把你积极的自我形象当作你的顾问，通过这些，你就能得到更多的认可。

我们人生的时间有限，所以不要为别人而活。不要被教条所限，不要活在别人的观念里。不要让别人的意见左右自己内心的声音。最重要的是，勇敢地去追随自己的心灵和直觉，只有自己的心灵和直觉才知道你自己的真实想法，除了你的心灵和直觉，其他一切都是次要的。我们无法改变别人的看法，能改变的仅是我们自己。想要讨好每个人是愚蠢的，也是没有必要的。与其把精

力花在一味地去献媚别人，无时无刻地去顺从别人，还不如把主要精力放在踏踏实实做人、兢兢业业做事上。

不要把迎合别人当成生命的主旨

如果可以，谁都希望给所遇到的每一个人都留下良好印象，但是，也没有必要为了迎合别人，而放弃自己的理想、原则、追求和个性。否则，将是人生中最大的悲哀。

老卢一心一意想升官发财，可是从青春年少熬到白发斑斑，却还只是个小职员。他为此极不快乐，每次想起来就掉泪。有一天下班了，他心情不好没有着急回家，想想自己毫无成就的一生，越发伤心，竟然在办公室里号啕大哭起来。

这让同样没有下班回家的一位同事小李慌了手脚，小李大学毕业，刚刚调到这里工作，人很热心。他见老卢伤心的样子，觉得很奇怪，便问他到底为什么难过。

老卢说："我怎么不难过？年轻的时候，我的上司爱好文学，我便学着作诗、写文章，想不到刚觉得有点小成绩了，却又换了一位爱好科学的上司。我赶紧又改学数学、研究物理，不料上司嫌我学历太浅，不够老成，还是不重用我。后来换了现在这位上司，我自认文武兼备，人也老成了，谁知上司又喜欢青年才俊，我……我眼看年龄渐老，就要退休了，一事无成，怎么不难过？"

没有自我的生活是苦不堪言的，没有自我的人生是索然无味的。要想拥有美好的生活，自己必须自强自立，拥有良好的生存能力。没有生存能力又缺乏自信的人，肯定没有自我。一个人若失去自我，就没有做人的尊严，就不能获得别人的尊重。

老卢的做法不禁让人想起了一个笑话：一个小贩弄了一大筐新鲜的葡萄在路边叫卖。他喊道："甜葡萄，葡萄不甜不要钱！"可是有一个孕妇刚好要买酸葡萄，结果这个买主就走掉了。小贩一想，忙改口喊道："酸葡萄，葡萄不酸不要钱！"可是任凭喊破嗓子，从他身边走过的情侣、学生、老人都不买他的葡萄，还说这人是不是有神经病啊，酸葡萄卖给谁吃啊！再后来，卖葡萄的就开始喊了："卖葡萄了，不酸不甜的葡萄！"

其实，活着应该是为了充实自己，而不是为了迎合别人的旨意。没有自我的人，总是考虑别人的看法，这是在为别人而活着，所以活得很累。就像上面故事中的老卢，为了自己能够升官发财，不得不去迎合领导的旨意，可是这恰恰使他失去了自己最宝贵的东西——真我本色。在他不断地根据不同领导的喜好调整自己做人与做事的"策略"的时候，时间飞快地流逝，同时他也真正失去了的机会，最后落得一事无成。

人生的决定权，不能交给别人

　　人生是你自己的，道路也是你自己的，怎样走应该是你自己的事，如果你把决定权交给了别人，就等于放弃了对人生的控制，这不但愚蠢，而且还是很危险的事情。

　　那时，她还是小女孩。有一次母亲带她一起整理鞋柜，鞋柜里脏乱不堪，有的鞋子已经变形和开裂得丑陋不堪，尤其是父亲的那双鞋，还散发着一种难闻的汗臭味，她便建议母亲扔掉那些鞋子。可母亲抚摸一下她的头发，说：傻丫头，这些鞋都是有特殊意义的。随后，母亲拿起一双浅口红皮鞋，满脸的幸福和温情，回忆起和她父亲的相识。

　　17岁那年，我遇到你父亲，拿不定主意是否嫁给他。我的母亲说，那就让他给你买双鞋吧，从男人买什么样的鞋就能看出他的为人。我有点不相信，直到他将这双红皮鞋送到我跟前。母亲说，红色代表火热，浅口软皮代表舒适，半高跟代表稳重，昂贵的鳄鱼皮代表他的忠诚，放心吧，这是一个真爱你的男人。

　　从那以后，她开始珍惜父母送给她的每一双鞋子，当她成为拉普拉塔大学法律系的一名学生时，她已经收藏了好多双不同款式的高跟鞋。而法律系有一个来自南方的青年，英俊潇洒，口才超群，悄然地走入这位怀春少女的心田，终于在大三时两人捅破了相隔的那层纸，将同窗关系发展为恋人关系。她陶醉在甜蜜的爱情之中，被这火热的感情所鼓舞，于是带着如意情郎去见父母。母亲对这个邮政工人的儿子能否给女儿的未来带来幸福表示怀疑，侧在女儿耳边轻轻对女儿说："让他给你买双鞋看看吧！"她觉得是个好主意，就照办了。

然而，傻乎乎的情郎不知是测试，他想，既然是为恋人买鞋就得尊重她的意见，硬拖着屡次推却的情人一起去。然而买鞋那天，平时喜欢滔滔宏论的她始终一声不吭，结果两人逛了大半天都毫无所获。最后，他们来到一家欧洲品牌鞋店，有两双白色皮鞋看上去不错，他知道意中人喜欢白色，于是柔声问她："你想要高跟的，还是平跟的？"她心不在焉地随口答道："我拿不定主意，你看哪双好呢？"他略加思索后，说："那就等你想好了再来吧！"于是，他拉着快快不乐的她离开了鞋店。

几天后，他非常认真地问她："想好买哪双了吗？"她依然是心不在焉地说没有。熬着，熬着，这"木头"情郎终于"开窍"了，说出了她期待已久的话："那就只好让我替你做决定了！"她兴奋地等待了 3 天，终于等到了他的礼物，不过他吩咐她不要当面打开。

晚上，她将鞋盒抱回家，和母亲一起怀着激动的心情将礼物

打开，出现在眼前的两只鞋居然是一只高跟一只平跟。她气得脸色发青，恨恨地咬着牙齿，呼的一声关上闺门，蒙在被子里号啕大哭起来。她的父亲也勃然大怒："明天约他来吃晚餐，看他如何解释，我女儿可不是跛子！"

第二天，他应邀登门，面对质问，却不慌不忙地说："我想告诉我心爱的人，自己的事情要自己拿主意，当别人做出错误的决定时，受害者就会是自己！"随后，他从包里拿出另外两只一高一矮的鞋子，说："以后你可以穿平跟鞋去看足球，穿高跟鞋去看电影。"父亲在女儿的耳边悄声而激动地说："嫁给他！"

"木头"情郎叫费尔兰多·基什内尔。2003 年，他当选为阿根廷总统，而她就是第一夫人克里斯蒂娜·赞尔兰。2007 年 12 月 10日，克里斯蒂娜从卸任阿根廷总统的丈夫手中接过象征总统权力的权杖，成为阿根廷历史上第一位民选女总统，他们夫妇交接总统权杖，成为现代历史上的第一例。

不要总是让别人替你做主，包括你的父母，因为一旦你为别人的看法所左右时，你已沦为别人的奴隶。永远要做自己的主人，这样才能做到自尊自爱。

当现实需要考验你内心的智慧时，记住：一定要去尝试自己想要尝试的东西。相信自己的直觉，不要让别人的答案扰乱你的计划。如果自己感觉很好，就跟着感觉走吧，否则你永远不会知道结局有多么美好。不要让别人的议论淹没你内心的声音、你的想法和你的直觉。因为它们已经知道你的梦想，别的一切都是次要的。

生活不能完美，也不必完美

事物发展总是遵循着自身的规律，即便不够理想，也不会因为人的意志发生改变。如果有谁试图使既定事物按照自己的要求而发展变化，而不顾客观条件，那么一开始就已经注定了失败。所以必须认识到，有缺陷并不是一件坏事。

有位朋友一向喜欢玉石，那天，他去首饰店，看中了一块玉。付钱的时候，小贩又重复了一次：

"我卖你这玛瑙，再便宜不过了。"

他笑笑，没说话，小贩以为他不信，又加上一句：

"真的，不过这么便宜也有个缘故，你猜为什么？"

"我知道，它有斑点。"他本来不想提的，被他一逼，只好说了，免得他一直啰唆。

"哎呀！原来你看出来了，玉石这种东西有斑点就不值钱了，这串项链如果没有瑕疵，哇，那价钱就不得了啦！"

他买了项链，默默地走开了。

回到家里，他对父亲讲了事情的经过。

然后父亲对他说："这串玛瑙的斑痕的确让人一眼便可看到，但我们凭什么要说有斑点的东西不好？水晶里不是有一种叫'发晶'的种类吗？虎有纹、豹有斑，有谁嫌弃过它的皮毛不够纯正？就算退一步说，把这斑纹算瑕疵，世间能把瑕疵如此坦然相告的人也不多吧？凡是可以坦然相见的缺点都不该算缺点的。所有的无瑕是一样的——因为全是百分之百的纯洁透明，但瑕疵斑点却面目各自不同，有的斑痕是藓苔数点，有的是砂岸逶迤，有的是孤云独去，更有的是铁索横江，玩味起来，反而令人怦然心动。"

他此时，觉得那串玛瑙越发贵重起来。

生活中本无完美，也不需要完美。我们只有在鲜花凋零的缺憾里，才会更加珍视花朵盛开时的温馨美丽；只有在人生苦短的愁绪里，才会更加热爱生命拥抱真情；也只有在泥泞的人生道路上，才能留下我们生命坎坷的足印。

不完美才是生活的真滋味，有时不完美的东西从另一个角度看，反而越发觉得它珍贵，那么，我们又何必苦苦求索不切实际的东西？当我们用挑剔的眼光去看待人生时，我们的潜意识已经非常不满了，我们的内心已然不能平静——毛毯上的疵点、车身上一道划伤的痕迹、一次不理想的成绩、数公斤略显肥胖的脂肪……这些都能成为我们烦恼的原因，这表明我们心思已经完全专注于外物，失去了自我存在的精神生活，我们不知不觉迷失了生活应该坚持的方向，被苛刻掩住了宽厚仁爱的本性……这种状态肯定不能让它持续下去，因为这会给我们以及我们身边的人带来很大的伤害。所以我们必须认识到，人这一辈子就是得与失之间轮回，任何事都不可能尽善尽美，完全没有必要太过苛求，不必苛求自己，也不必苛求身边的人和事。

女人，对不情愿的事情请大声说"不"

女人，爱自己是最重要的。对你不情愿做的事情应该大声说"不"。比如酒席上，轮到你喝酒，而你不善饮，大可以茶代酒，而不要勉强自己。

女人凡事都要有自己的思想和主见，在这一点上职业女性要做得稍微好一点，但是因为工作的关系，她们难免会碰到一些自己不情愿而又不得不去做的事情，譬如陪客户喝酒、唱歌，等等，因为复杂的人际关系，很多女人选择了忍耐。如果你真的不喜欢这样，大可以用拒绝来维护女性的尊严。要知道，正派的客户谈生意是不需要你这样牺牲的，你出卖的是能力而不是色相。

小艾是刚分配到公司的员工，属于广告创意部。刚上班一个星期，老板就让她出去陪一个客户唱歌，并声明陪同的还有几个人，都是正常的生意关系。小艾很不情愿，但还是去了，因为她不想失去这份高薪的工作。

3 个 40 岁左右的男人在包房里叫了几个年轻漂亮的女孩一起唱歌、跳舞、喝酒，小艾看着这些和自己父亲年龄相仿的男人，心里一阵反感，但又不得不赔笑应付。还好，那天客户只顾着高兴，没对她有什么过分的举动，否则她真不知道该如何应付才是。

　　企划案是通过了，可是小艾怎么也高兴不起来，而且她发现同事看自己的眼光也不一样了，鄙视中夹杂着些许的忌妒。而且有了第一次，就很难拒绝老板的第二次任务，小艾实在是进退两难。

　　女人，不喜欢的事情就不要去做，毕竟委屈的是自己。

　　在平常生活中也是一样，同事约你逛街、吃饭，如果你很累，不想去，就一定要告诉她，不要因为平时关系很好怕她不理解，就勉强自己。要知道，越是真正的朋友越应该关心你、体谅你。大声说"不"，在你不愿意的时候，千万不要做自己不喜欢的事情。记得：女人在什么时候都不要勉强自己。

　　当然，这不仅局限在工作中，对于恋爱期间的女人更有意义：千万不要为了满足男友的要求而献出某些最宝贵的东西。要知道，真正爱你的男人是不会勉强你的，更不会以此作为他不爱你的理由。要维护自己的尊严，那样他才会更加珍惜你。聪明的女人懂得如何拒绝，包括拒绝各种各样的诱惑。不懂得拒绝的女孩做事情很少有自己的底线和要求，当你的默认成为一种习惯，就很难再从理智中脱身。如何说出"不"，也是一门学问。

　　如果你不愿意，没有人可以强迫你。大声说"不"，为了自己。

一个人的时候，一个人走

人缺少的往往是一份自己独处的淡定的心，太过喧嚣的生活环境里，我们更容易迷失自我。不如像黑格尔说的那样："背起行囊，独自旅行，做一个孤独的散步者。"

很多人喜欢三毛，喜欢她对自由的诠释。可是，为何这么多年过去，再没有出现一个三毛一样的人？为什么她的自由只能被默默欣赏，而无法直接效仿呢？因为我们害怕孤独，无法像她一样摆脱尘世的杂念，故而得不到她那样的自由。

我们羡慕三毛行走在撒哈拉大沙漠里的洒脱，可大部分人只敢跟着旅行团走马观花，又有几人愿意背起简单的行囊独自去旅行呢？我们大多数人都是这复杂世界中的一颗棋子，心甘情愿地接受他人的摆布，这些包括我们的亲人、朋友、上司，甚至可能是这世界上的任何一个人。我们害怕如果不接受摆布就会被排斥，我们无法承受那样的孤独，所以当三毛的心飞向自由时，我们只能心甘情愿地被束缚。

也有人认为三毛很软弱，因为她的文字总是写满忧伤，她的

故事里总是带着感伤。或许他说的没错。但谁又能说，这不是三毛对内心孤独的一种面对与释放呢?

三毛的孤独来自于她对"自己"二字的定义。三毛说:"在我的生活里，我就是主角。对于他人的生活，我们充其量只是一份暗示、一种鼓励、启发，还有真诚的关爱。这些态度，可能因而丰富了他人的生活，但这没有可能发展为——代替他人的生命。我们当不起完全为另一个生命而活——即使他人给予这份权利。坚持自己该做的事情，是一种勇气。"

现代的女性虽然不再像古时那样嫁夫从夫、三从四德，可大部分女人还是心甘情愿地以牺牲自己来成全男人，直到伤得体无完肤，才知道什么叫"爱自己"。三毛也很爱荷西，可她从来没有因为爱荷西而失去自我，她说:"我不是荷西的'另一半'，我就是我自己，我是完整的。"为了自己，三毛孤独地生活着。

在《稻草人手记》的序言里，有这样一段描写，一只麻雀落在稻草人身上，嘲笑它:"这个傻瓜，还以为自己真能守麦田呢?你不过是个不会动的草人罢了!"话落，它开始张狂地啄稻草人的帽子，而这个稻草人，像是没有感觉一般，眼睛一动不动地望着那一片金色的麦田，直直张着自己枯瘦的手臂，然而当晚风拍打它单薄的破衣裳时，稻草人竟露出了那不变的微笑来。三毛就像这稻草人，执着地微笑着守护内心中那片孤独的麦田。

作家司马中原说:"如果生命是一朵云，它的绚丽，它的光灿，它的变幻和飘流，都是很自然的，只因为它是一朵云。三毛就是这样，用她云一般的生命，舒展成随心所欲的形象，无论生命的感受是甜蜜或是悲凄，她都无意矫饰，行间字里，处处是无声的歌吟，我们用心灵可以听见那种歌声，美如天籁。被文明捆绑着的人，多惯于世俗的烦琐，迷失而不自知。"

世人根本没有必要为三毛难过，而应该为她高兴，因为她找到了梦中的橄榄树。在流浪的路上，她随手撒播的丝路花语，无时不在治疗着一代人的青春疾患，她的传奇经历已成为一代青年的梦，她的作品已成为一代青年的情结。她虽死犹生。

有时候，给自己一些孤独时光，做一个孤独的散步者，你会越走越和谐，越走越从容，越走越懂得享受人与人之间一切平凡而卑微的喜悦。当有一天，走到天人合一的境界时，世上再也不会出现束缚心灵的愁苦与欲望，那份真正的生之自由，就在眼前了。

你感到迷茫时，会是一个绝佳的起点

我们恰巧都处在了一个不高的起点上，被迫开始各种人生竞赛；更糟糕的是，发令枪响起时，我们常常还处于懵懂之中，想努力，却又不知道怎么使劲。这个时候，不管好坏，先设定一个目标，再朝着这个目标行动起来。在后面的努力中，你可以不断回顾、修正最初的目标，你会发现自己正慢慢朝着正确的方向行驶，哪怕走的是一条当初根本无法预料的航道。

生命里的每一个角色都很重要

这个世界有许多事情等着我们去做，有些是大事，有些是小事，不一定谁都能做成大事，也不一定谁都能把小事做好，但只要对我们的生活有益，我们就要努力去做。

当然，你不必一定成为别人希望的那样，但一定要成为最好的自己。你也不一定非要成为自己想象中的那样，但一定要在力所能及的情况下，成为最好的自己。

假如你做不了太阳，那就做一颗星星，但要尽量使自己明亮；假如你不能成为一棵大树，那就做一棵小树，但一定要成为溪边最好的那棵。成败不是你尺寸的大小，重要的是能够做一个最好的自己。

让黛丝永远也忘不了的，是她上小学时母亲说过的一段话。

那是一次学校的文艺活动，她被选来扮演剧中的公主。连续两周，母亲不厌其烦地陪她一起练习台词，可她无论在家里表达得多么自如，一站到舞台上，瞬间就忘词了。

最后，老师只好对黛丝说，她为这出戏补写了一个道白者的角色，请她调换一下角色。虽然老师的话挺亲切婉转，但还是深深地刺痛了黛丝——尤其是看到自己的角色让给另一个女孩的时候。

那天回家吃午饭，黛丝没把这件事告诉母亲。然而，母亲却觉察到了她的不愉快，她没有再鼓励黛丝练台词，而是问她是否愿意到院子里走走。

那天的天气非常好，棚架上的蔷薇藤正泛出亮丽的新绿。黛丝无意中瞥见母亲在一棵蒲公英前弯下腰。"我想我得把这些杂草统统拔掉。"她说着，用力将它连根拔起。"从现在起，咱们这庭园里就只有蔷薇了。"

"可我喜欢蒲公英，"黛丝抗议道，"所有的花儿都是美丽的，哪怕是蒲公英！"

母亲表情严肃地打量着她，"对呀，每一朵花儿都以自己的风姿给人愉悦，不是吗？"她若有所思地说。

黛丝点点头，高兴自己战胜了母亲。

"对人来说也是如此。"母亲又补充道，"不可能人人都当公主，但那并不值得羞愧。"黛丝想母亲猜到了自己的痛苦，她一边告诉母亲发生了什么事，一边失声哭泣起来。

母亲听后释然一笑。

"但是，你将成为一个出色的道白者。"母亲说，并提醒黛丝说："道白者的角色跟公主的角色一样重要。"

人总是不能做到十全十美，我们不能全是船长，总要有人去当水手，最重要的，是我们能做好身边的事，努力扮演好生命中的那些角色，不愧对家人，也不放弃事业。

伟大的雏形最初只是一个梦想

年轻时的一个梦想，就是一颗金色的种子。它会抽芽，它会成长，它会努力实现最初的梦想。它无法预知未来的世界，也猜不出将面临何种磨难，但它是一个信念，会促使人一直向前。

美国著名的电脑生产商迈克尔·戴尔，29 岁便成为富豪，但他既不是靠继承巨额遗产，也不是靠中彩，而是很早就有梦想并为之奋斗的结果。

戴尔少年时期就勤奋好学，他在 10 来岁就开始了赚钱生涯——倒卖邮票。戴尔用赚来的 2000 美元买了一台电脑，然后把电脑拆开，仔细研究它的构造及运作，并多次安装成功。

中学时，戴尔找到了一份为报商征集新订户的工作。他推想，新婚的人最有可能成为订户，于是雇佣别人为他抄录新近结婚的人姓名和通信地址。他将这些资料输入电脑，向每一对新婚夫妻发出一封有私人签名的信，承诺赠阅报纸两周，一次就赚了 1.8 万美元，这样下来，没过多久，他买了一辆德国宝马汽车。汽车推销员看到这个 17 岁的年轻人竟然用现金付账，惊愕得直吐舌头。

到了大学期间，迈克尔·戴尔经常听到同学们想买电脑的言谈，但由于售价太高，许多人买不起。戴尔于是想："经销商的经营成本并不高，为什么要让他们赚那么厚的利润？为什么不由制造商直接卖给用户呢？"戴尔知道，万国商用机器公司规定，经销商每月必须提取一定数额的个人电脑，而多数经销商都无法把货全部卖掉。他也知道，如果存货积压太多，经销商的损失会很大。于是，他按成本价购得经销商的存货，然后在宿舍里加装配件，改进性能。这些经过改良的电脑十分受欢迎。戴尔见到市场的需求量巨大，于是在当地刊登广告，以零售价的八五折推出他那些改装过的电脑。不久，许多商业机构、医疗诊所和律师事务所都成了他的顾客。

戴尔一边上学一边创业的事情终于让他父母知道了，他们担心戴尔的学习成绩会因此而受到影响。父亲劝他说："如果你想创业，等你获得学位之后再说吧。"戴尔觉得，如果按父亲的话去做，就是在放弃一个一生难遇的机会。"我认为我绝不能错过这个机会。"于是他又开始销售电脑，每月赚 5 万多美元。戴尔坦白地告诉父母："我决定退学，自己开公司。""你的梦想到底是什么？"父亲问道。"和万国商用机器公司竞争。"戴尔说。和万国商用机器公司竞争？他父母大吃一惊，觉得他太不自量力了。但无论他们怎么劝说，戴尔始终不放弃自己的梦想。终于，他们达成了协议：他可以在暑假试办一家电脑公司，如果办得不成功，到 9 月就要回学校去读书。

戴尔得到了父母的允许后，拿出全部积蓄创办戴尔电脑公司，

当时他才 19 岁。他租了一间房作为办事处，雇用了一名 28 岁的经理负责处理财务和行政工作。在广告方面，他在一只空盒子底上画了戴尔电脑公司第一张广告的草图，然后按草图重绘后拿到报馆去刊登。

戴尔公司专门直销他改装的万国商用机器公司的个人电脑。第一个月营业额便达到 18 万美元，第二个月是 26.5 万美元，仅一年，戴尔公司就售出个人电脑 12000 台。戴尔公司由于采用积极推行直销、按客户要求装配电脑、听取采纳不满意见以及对失灵电脑"保证翌日上门维修"的服务举措，为公司赢得了广阔的市场。大学毕业的时候，迈克尔·戴尔的公司每年营业额已达 7000 万美元。之后，戴尔停止出售改装电脑，转为自行设计、生产和销售自己的电脑。

如今，戴尔电脑公司在全球 16 个国家设有附属公司，每年收入超过 20 亿美元，有雇员约 5500 名。戴尔个人的财产，估计在 2.5 亿到 3 亿美元之间。

最伟大的成就在最初的时候只是一个梦想，梦想是我们未来的辉煌。也许，你现在的环境并不很好，但你只要有梦想并为之而奋斗，那么，你的环境就会改变，梦想就会实现。

感谢他们的"最后通牒"

做你没做过的事情，叫作成长；做你不愿意做的事情，叫作改变；做你不敢做的事情，叫作突破。当有人逼迫你去突破自己，你要感恩他，因为他是你生命中的贵人，也许你会因此而改变和蜕变。

17 岁那年，父母很认真、很正式地找他谈了一次话。他们说："明年，你就 18 岁了，是真正意义上的成年人了。一个成年人必须独立。以后你有了工作，挣了钱，不需要给我们，我们不需要你养活，但你必须养活自己。"这一番话，一直深深刻在他的脑海之中，他一刻也不敢忘记。

上了大学以后，他开始勤工俭学，自给自足，真的没有再向家里要过一分钱。那个时候，他懂得了生活的不易，也认清了自己的能力。

他的第一份勤工助学工作是清扫楼道，这是宿管阿姨介绍给他的。每天，5 点左右他便起床洗漱，然后开始接近一个小时的工作，当他第一次拿到 300 元的报酬时，他简直是欣喜若狂，钱虽不

多，但毕竟是凭自己双手挣来的。

到了大一的第二学期，他的生活更加忙碌了，为了凭自己的能力攒足学费，他又向学校申请去牛奶部去送牛奶。每天天还没亮，他就得悄悄起床，要赶在大家起床之前，将还带着温度的牛奶送到同学们手中。然后，他还要去清扫楼道。

周末的时候，他要去做兼职家教，有时甚至要跑到离学校几十公里外的小镇上去。为了对别人的孩子负责，他非常认真和投入，也赢得了众多家长的好评和肯定。

自己辛辛苦苦赚来的钱，主要是为了支付学费，用在吃饭上，他就觉得有点舍不得了。于是，他又跑到食堂，向负责人求情，希望能在这里打一份工，而报酬就只是免费的一日三餐。打这以后，他又像个家庭主妇一样，每次开饭，围上围裙，手拿铁盆，细心地收拾餐具，擦干桌椅。一开始，他还有点难为情，总是千方百计躲避熟人，但慢慢地也就习惯了。

3年多的时间，他硬是靠着扫楼道、送牛奶、食堂打杂、做家教以及奖学金，以优异的成绩完成了学业，并被学校评为"励志之星"，即将毕业的时候，有多家大公司主动来到学校抢他。如今，他已经在一家大型企业当上了副总经理。

回想起在他即将成年时下的"最后通牒"，他至今仍备感亲切，并充满感谢。

自食其力，多么简单、朴素的道理，但又有几个父母做得到，又有几个人愿意自食其力呢？如果一个人能够尽早懂得在人生路上自尊独立的道理，就会形成一种无形的压力和紧迫感，并将之转化为一种动力，迫使自己不断地去学习、去进步，从而获得谋生的真本事。虽然这个过程可能有点痛苦、有点孤独，但却是成长的必要。

幸福与美好固然可爱，然后苦难与坎坷亦有必要。如今太平盛世，春风浩荡，享乐不尽。又有谁不喜欢这无尽的欢乐呢？相比先辈们，这一代人是幸运的，但在这幸运之中是否该有些忧患意识呢？不要让时代宠坏了我们，不要让自己越发的脆弱。苦难中的奋斗也许是孤独无助的，但却能够锻造我们的意志品质和精神力量。

在人生的关键阶段，那些"逼迫"我们成长、成熟的人，才是真正为我们前途着想、真正爱护我们的人。如果他们不向我们发出自食其力的"最后通牒"，那么，早晚复杂的社会也会向我们发出更为严苛的"最后通牒"。道理很简单，没有人可以替你支撑一生，你的一生只能由自己负责，而且是负全责。

厄运也是戴着面具的幸运

痛苦就像一把刀子，握住刀柄，它是可以为我们服务的，而拿住刀刃，就会割破手。在苦闷的时候，不要自以为一切都完了，

殊不知，一切还都还刚刚开始呢。

很多时候，厄运甚至就是一种幸运，就是一种难得的契机，因为它将你推到了不得不选择去走另一条路的境地，而当你一旦踏上了这一条新路，成功可能就在向你招手了

麦吉是耶鲁大学戏剧学院毕业的美男子，23岁时因车祸失去了左腿之后，他依靠一条腿精彩地生活，成为全世界跑得最快的独腿长跑运动员；30岁时，厄运又至，他遭遇生命中第二次车祸，从医院出来时，他已经彻底绝望——一个瘫痪的男人还有什么用处呢？

麦吉开始吸毒，自暴自弃。一个寂静的夜晚，痛苦的麦吉坐着轮椅来到阿里道，望着眼前宽阔的公路，忽然想起自己曾在这里跑过马拉松。前路还远，生命还长，难道就这样把自己放逐？顿时，他惊醒过来："瘫痪是无法改变的事实，只能选择好好活下去！我才33岁，我还有希望。"

现在，他正在攻读神学博士学位，并且一直帮助困苦的人解决各种心理问题，以乐观的笑容，给那些逆境中的人们送去温暖和光明。

也许你难以相信，芸芸众生中最大的失败者往往是那些幸运儿——出身富裕、衣食无忧的孩子。优越的生活和百依百顺的父母，使他们形成这样一种意识：世界是为他们造的。事情稍有不顺心，他们就抱怨、仇恨，或者出走、犯罪，甚至选择极端的方式——自杀，放弃整个世界。只因为琴弦出了点问题，有些磨损，拉出的音不是那么和谐，他们便马上认为自己的小提琴坏了。我们不能责怪那些被宠坏的孩子，太优越的一切让他们连动手剥水果皮的能力都丧失了。命运给他们的是一只芬芳四溢的橘子，但是他们连皮都不屑于剥开，于是他们咬到的只是橘子皮，又苦又涩。

奇怪的是，在那些大报小报中，很少见到贫困的孩子因为青春期的叛逆，和一些小小的琐事离家出走。这些生来就不太幸运的孩子，知道怎样靠自己争取应得的一切，根本没有时间抱怨和歇斯底里。命运给他们的是一只样子好丑的柠檬，而且里面是酸的。他们乐观地说："我会把它做成柠檬水，在里面加些蜂蜜，真是太好了。"

没有一个人命里注定要过一种失败的生活！也没有一个人命里注定要过一帆风顺的生活！机会是要靠自己去探索寻求，去选择把握的。

破罐子也不是用来破摔的

一个人从哭着来到这个世界，便注定了人的一生有酸甜苦辣，有爱恨情仇。不管是达官显贵还是平头百姓，都逃脱不了幸福和悲伤、坦途和困难、成功与失败的考验。如果人生经营得好，就

可以让快乐多一些，悲伤少一些；成功多一些，失败少一些；经验多一些，教训少一些；和谐多一些，问题少一些；阳光多一些，阴霾少一些；温情多一些，冷漠少一些。此消彼长，人就是在和一切不好的东西斗争中成长、成熟、成功。

这个世界确实不是到处都是美好、善良、公正、热情，也不是每一个人都能够种瓜得瓜、种豆得豆。就如天空是蓝色的，但是有时也会被乌云笼罩。但是，不管你受到了多么不公正的待遇，承受了多么大的压力，遭遇了多么大的挫折，什么时候都不要自暴自弃。

人，千万别破罐子破摔。

这家人不穷，可是家里的一只盛水的瓦罐，一用就是好多年，老爷子一直舍不得扔掉。一次，他儿子倒水，一不小心把瓦罐打在地上，瓦罐被摔出了一条长长的裂缝。他想，这下父亲该把瓦罐扔掉了吧。可是老爷子没有，而是把它好好地收了起来，说以后也许还能派上用场。

过了一段时间，老爷子在阳台上养了很多盆花，其中有一盆花长得特别艳丽。他儿子一看花盆，正是那只有裂缝的瓦罐。老爷子见儿子疑惑不解的样子，就说："瓦罐有了裂缝，不能用来盛水，但用来养花最合适。花盆里的水一旦多了，就会顺着裂缝自动地渗透出来，使花盆不至于积水，花也就有了一个良好的生长环境，所以长出来的花也就比其他的更艳丽了。"

不幸摔破了的罐子，就像人生中的失误，请你千万别"破罐子破摔"，只要用心珍惜，扬长避短，人生照样可以像花一样美丽。

说到这个故事，想起大学时代，寝室有个不成样子的花盆——灰褐色，棱口处还有明显的破损，皲裂的线条布满了整个花盆表面。大家本来是想把它扔掉的，不光是因为它占据有限的阳台空间，实在是摆在那里不太雅观，却被一个同学保留了下来。假期回来后，突然发现那个破花盆——以前要被我们扔掉的那个，里面居然长着一朵小绿植，那是一撮很不起眼的芦荟，但是它上面的水滴折射出晶莹剔透的光亮，发散出无穷的活力和生机。

所以说生活中的破罐子，千万别破罐子破摔，只要用对了地方，照样可以拥有鲜花和阳光，哪怕仅是一朵小绿植！

天无绝人之路，何苦自掘坟墓

山高自有客行路，水深自有渡船人；天无绝人之路，何苦自寻绝路？

一个真正坚强的人，不管遭遇什么样的打击，都能够从容应对，临危不乱。当暴风雨来临，软弱的人屈服了，真正坚强的人却镇定自若，胸有成竹。

普拉格曼是美国当代著名小说家，但他连高中都没念完。当他的长篇小说获奖后，在颁奖典礼上，有记者问他："你认为自己身上

最优秀的品质是什么？"普拉格曼坚定而自豪地说："自信，与生俱来的自信！我拥有颠扑不破的自信心。如果将我这一生比喻成一顶王冠，那自信就是点缀在这王冠上最珍贵、最璀璨的一颗钻石。"

有记者问他："你毕生成功最关键的转折点在何时何地？"普拉格曼回答道："第二次世界大战期间，我在海军服役的那段生活，是我人生受教育最多的日子。至于我迈向成功最关键的转折点，恰是我的生死关头……"

他讲述了那次难忘的经历。

事情发生在 1944 年 8 月的一个午夜。两天前我在一次战役中受了伤，双腿暂时瘫痪了。为了挽救我的生命和双腿，舰长下令让一位海军下士驾一艘小船，趁着夜色把我送上岸去战地医院治疗。不幸的是，小船在漆黑的茫茫大海上迷失了方向。那名掌舵的下士惊慌失措，面对无边的黑夜，绝望得差点拔枪自杀。

我当时很冷静，镇定自若地安慰他说："你别开枪，我有一种神秘的预感，我们肯定会抵达成功的彼岸！"下士听我这样一说，犹疑地放下了对准太阳穴的枪。

我接着说："如果你开枪自杀，你必死无疑，我也难逃一死。如果我们坚信自己会成功，绝不放弃，总会有希望。"

其实，我们已在危机四伏的黑暗中漂游了四个多小时，孤立无援，而且我的伤口还在淌血……不过，我认为即使注定失败也要坚持，直到最后一刻的到来，绝不让自己提前堕入绝望的深渊。正这样想的时候，突然前方岸上射向敌机的高射炮火闪亮了起来，我们欣喜地发现，原来我们的小船离码头已经很近了，不到 3 里。

这次脱险经历，使普拉格曼悟出了一个道理——天无绝人之路。

后来，普拉格曼在回忆中写道："自从那夜之后，此番经历一直留存在我心中。这个戏剧性事件包含了我对生活真谛的认识，改变了我的人生态度。因此，我有了不可征服的信心，坚忍不拔，绝不放弃！即使在最黑暗最危险的时刻，我相信命运还是能把我召向一个陌生而又神秘的目的地……"

我们每天都会经历某方面的失败，当你感觉快要绝望的时候，你必须相信，那么多当时你觉得快要要了你的命的事情，那么多你觉得快要撑不下去的打击，都会慢慢地好起来。就算再慢，只要你愿意努力，它也会成为过去。面对那些你暂时不能拒绝的、不能战胜的，不能逆转的，就告诉自己，只要你不被杀死，最终你会变得更强！

前进的路上难免会有坎坷

人生路上，无论你选哪一种路走，都会有一些坎坷，有些人活着就是为了跨越这些坎坷，我们说，他们一直在拼搏；有些人在坎

坷面前迈不动步子，我们说，他们在苟活。其实，坎坷并不可怕，可怕的是失去了方向，只要方向还在并一直朝着这个方向努力奔跑，你的人生就值得回味。其实，生命本身是无意义的，是人赋予了它内容以后才变得多姿多彩。

他从小就喜欢音乐，18岁之前，他的音乐梦一直美妙地延续着。天资聪颖的他打小就在省市级歌舞比赛中频频拔得头筹。初中毕业后，他以全省第一的成绩进入艺术职业学院，开始进行专业学习。他的音乐前景被广为看好，他对自己也信心十足，结果却在18岁那年遭遇了人生中的第一次重大打击。那一年，他参加"快乐男生"广州赛区选拔赛，刚进50强就被淘汰了下来。

一个分赛区都进不了前列？——他不禁怀疑起自己的能力，于是越发彷徨。他常常独自行走在街头，不知所措地随波逐流，他不知道何处通往光明。

那天，他埋头走进了一个巷子，窄巷里塞满了车，七辆满载货物的卡车依次停靠在路中央，一动也不能动。他走过去的时候，发现有一辆高配置奔驰夹杂在其中，驾车的中年男子此时已下车，正在细心地擦拭着爱车。

他转了一圈，又回到巷子，奔驰依然被夹在那里，丝毫未动，而中年人也在乐此不疲地擦着车。他想了想，走上前去，友善地问："您开这么好的车被堵了，心里不烦吗？"中年人摇摇头，认真地说："我要赶远路，正好可以乘着这个空闲打理一下车。"然后，他指了指不远处的岔道说："在那里，我就会超过它们，有什么可烦的？"中年人见他没有走的意思，又和他说起自己的无数次堵车经历，据说他曾在福厦公路上整整堵了七个小时，在那段时间，他静静地想了一些生意上的事，居然想出了两个好点子，给自己带来了不少收益。

"每一条路都有堵车的时候，不是说你开着奔驰就一定要一路畅通，有时它被大卡堵在路上，也是难得的休整机会呀。"中年人意味深长地说。他一愣，猛然明白，换个角度看问题，坏事也未尝不是好事。

他回想着自己的往事，从少年成名到惨遭淘汰，不正像驾着豪车出门，却被大卡堵住了去路一样么？为何不能豁达一点，像面前这位中年人一样，抓住机会做好保养，争取在下一个路口超越呢？他告别中年人，走出了窄巷，也走出了自己心中的阴影。

毕业以后，他放弃了在家乡安稳工作的机会，他说："给我三年的时间，我要去实现自己的梦想，开创一片属于自己的舞台。"他孑然一身来到深圳，然后又辗转去了广州，在跑场子维持生活的同时，他更加刻苦地学习歌唱技术。那一年，他再度报名参赛"快乐男生"，凭借精湛的唱功、帅气的外形，一路过关斩将，最终问鼎冠军。他，就是2010年"快乐男生"总冠军李炜。

每一个有梦想的人，都可以成为高速行驶的奔驰。只是，再昂贵的奔驰也避免不了被其他车辆阻拦的现实。在你的前途遭遇堵车状况时，请不要烦躁，保持你的理智，切不可感情用事轻易放弃。你最好的做法应该是，利用这段"停下来"或"慢下来"的机会，

认清梦想与现实存在的差距，然后逐渐去拉近这个距离，并在下一个路口实现顺利超车。

所有沙粒不会一次通过瓶颈

积极的思考，能够看透事物的根源，能把握好现在，脚踏实地，一步一步往前迈进；消极的观念，则往往会使自己陷入紧张及神经衰弱里。

"二战"中，一位饱受恐惧感折磨的年轻士兵对此深有体验。他说："残酷的战争中，我因极度不安而患了所谓'痉挛性结肠炎'，我深受其苦，如果不是战争马上结束，我想我必定会彻底地崩溃。

"当时我担任记录伤亡官兵的工作，就是计算阵亡者、行踪不明者，并整理与之有关的记录，以及掩埋阵亡将士的尸体，搜集他们随身携带的物品，寄给他们生前一心所系的父母及亲人。我累坏了，并不断被不安所笼罩，担心自己是否能活下去，能否再亲手抱一抱我的儿子——自从他出生以来还未谋面的儿子。由于心力交瘁，我的体重迅速下降。恐惧感使我几近疯狂，端详着自己的双手看到的是皮包骨头。我十分担心自己会崩溃，有时竟无法克制地像小孩般抽泣起来，软弱到只要一个人独处，便忍不住要哭。

"最后我被安排到陆军的诊疗所中治疗，一位军医的忠告，使我得到了转机。他彻底检查了我的身体后，告诉我说我的病是精神上的。年轻人，不要把自己搞得太过紧张。你不妨把人生想象成一个沙漏，没有人能使所有的沙粒一次通过中央的瓶颈，只要静静地让这些沙子一粒一粒通过便行了，不管是你、我还是其他的人，都跟这只沙漏一样。在一天之始，即使是有堆积如山等待处理的工作，但我们一次仍只能做一件事，就像沙漏里的沙，只能慢慢地、一粒粒地漏下一般，否则身心早晚是要完蛋的。"

"自从由军医那儿听到'一次一粒沙……一次一件工作'的忠告后，我便全心全意去实践这个哲学。慢慢地，我的身心都从战争的恐惧中解脱了出来。对我现在的工作来说，这句话也很受用。面对堆积如山的问题时，我不再考虑一次同时解决它们，也不再让自己紧张兮兮，而是利落地把工作逐件处理完。如今，过去那种征战沙场濒临危险的种种慌乱感觉再也不会在我身上发生了。"

任何人都有能力承担一天的压力，不论谁都可以坚强地活下去。这就是人生。

只要心不盲，生活就还有方向

刚毅拯救了尘俗边缘的灵魂，摒弃了世俗的舒适和安逸带来的贪恋、犹疑、怯懦，所有的困厄在其面前最终只能销声匿迹。

刚毅体现壮美，这种壮美势必扬弃盲目的追求和取舍，让思想更深刻、心灵更坚韧、品德更高尚。

一个美国女孩一双眼睛意外受了重伤，她只能从左眼角的小缝隙看到东西。小时候，她喜欢和附近的孩子玩跳房子，但却看不见记号，只有把自己游玩的每一个角落都记清。这样，即使赛跑她也没有输过。正是凭着这股韧劲，后来她获得了明尼苏达大学的文学学士及哥伦比亚大学的文学硕士两个学位。

她曾在明尼苏达州的一个乡村教过书，后来又成为奥加斯达·卡雷基大学的新闻学和文学教授。这13年间，她除了教书，也在妇女俱乐部演讲，并客串电台谈话节目。她的自传体小说《我想看》轰动一时，成为畅销的名著。她就是过了50年如同盲人的日子的波基尔多·连尔教授。

"在我心里不断地潜伏着是否会变成全盲的恐惧，但我以一种乐观的态度去面对我的人生。"连尔这样说道。终于，在她52岁时，经过现代医术的诊疗，她获得了40倍于以前的视力，她面前展开了一个更为绚烂的世界。

同一种命运，对刚毅的人和懦弱的人会有不同的结局。懦弱的人屈从命运，刚毅的人用不屈不挠的精神改造命运，锻造人生。同一种境遇，谁也不比谁占一定的优势，关键是心境是否早早臣服于来自苦难的压力。这时，信念的高度就决定了人生的高度，成功者之所以成功，是因为他们总是以积极的信念支配和控制自己的人生，战胜自己的缺陷，而失败者却恰恰相反。

结局未定，就不要提前否定自己

你若说服自己，告诉自己可以办到某件事，而这事是可能的，你便办得到，不论它有多艰难；相反，你若认为连最简单的事也无能为力，你就不可能办得到，而鼹鼠丘对你而言，也变成不可攀的高山。

要不想让困难挡住你，最有效的办法，就是不要轻易否定自己。

18岁那年，英格丽·褒曼的梦想是在戏剧界成名，但是，她

的监护人奥图叔叔却要她当一名售货员或者什么人的秘书。为此，两人争执不下，奥图叔叔答应给她一次参加皇家戏剧学校考试的机会。如果考不上的话就必须服从他的安排。

为了能考上皇家戏剧学校，英格丽·褒曼颇费了一番心思。一方面，她为自己精心准备了一个小品，表演一个快乐的农家少女，逗弄一个农村小伙子，她比他还胆大，她跳过小溪向他走去，手叉着腰，朝着他哈哈大笑。她反复认真地排练这个小品；另一方面，在考试的前几天，她给皇家剧院寄去一个棕色的信封，如果失败了，棕色的信封就退回来，如果通过了，就给她寄来一个白色信封，告诉她下次考试的日期。

考试的时候，英格丽·褒曼跑了两步，接着在空中一跳就到了舞台的正中，欢乐地大笑，接着说出第一句台词。这时，她很快地瞥了评判员一眼，惊奇地发现评判员们正在聊天，相互大声谈论着，并且比画着。见此情景，英格丽·褒曼非常失望，连台词也忘掉了。她还听到了评判团主席对她说："停止吧！谢谢你……小姐，下一个，下一个请开始。"

英格丽·褒曼听到这话后彻底失望了，她好像什么人也看不见、什么也听不见，在舞台上待了30秒就匆匆下台。她感到自己唯一能做的一件事就是去投河自杀。

她站在河边，准备结束自己的生命，当她的目光投到河面上时，发现水是暗黑色的，发着油光，肮脏得很。此时她猛然想到的是，等她死了以后，别人把她拖上岸后身上会沾满脏东西，还得咽下那些脏水。她又犹豫了："唔！这样不行。"于是就放弃了自杀的念头，回家去了。

第二天，有人给她送去了白信封。白信封？她有了白信封。她真的拿到了被录取的白信封。多年后，已成为明星的英格丽·褒曼碰见了那位评判员。闲聊之际，便问道："请告诉我，为什么在初试时你们对我那么不好？就因为你们那么不喜欢我，我曾经想去自杀。"

"不喜欢你？"那位评判员瞪大眼睛望着她，"亲爱的姑娘，你真是疯了！就在你从舞台侧翼跳出来，来到舞台上的那一瞬间，而且站在那儿向着我们笑，我们就转身彼此互相说着：好了，她被选中了，看看她是多么自信！看看她的台风！我们不需要再浪费一秒钟了，还有十几个人要测试呐！叫下一个吧！"

听了这一席话，她非常吃惊，而且十分后怕，她想，如果不是那河里的水太脏，可能自己真的就永远失去了这次机会！

很多年以后，已经是大明星的英格丽·褒曼在接受记者采访时谈起了当年险些自杀的事，她深有感触地说："这件事给我的启发是，永远不要过早地宣判自己，因为转机随时都有可能发生，一切都有可能改变，一切都有可能是另一个样子！"

永远不要轻易下结论否定自己，不要怯于接受挑战，只要开始行动，就不会太晚；只要去做，就总有成功的可能。世上能打败我们的，其实只有我们自己，成功的门一直虚掩着，除非我们认为自己不能成功，它才会关闭，而只要我们觉得还有可能，那么一切就皆有可能。

在低谷中抬脚，往哪走都是高处

生活给了你坎坷与屈辱，但这并不意味着你已经出局。

在生命的旅程中，每每有风雨来袭时，不妨告诉自己：那不叫"挫败"，只是成功路上的一个小小障碍！

一个穷孩子，父亲是鞋匠。父亲去世之后，母亲为了生活不得不带着他另嫁。有一天，他有机会去晋见王子，他满怀希望，在王子面前唱诗歌，还朗诵剧本。表演完毕后，王子问他想要求什么赏赐？这个穷孩子大胆地提出要求："我想写剧本，而且在皇家剧院演戏。"王子把这个长着小丑般大鼻子的笨拙男孩从头到脚看了一遍，然后对他说："你能够朗诵剧本，并不表示能够写剧本，那是两码事，我劝你还是去学一门有用的手艺吧。"

但是，回家以后，他打破了自己的储钱罐，向母亲和从不关心自己的继父道别，离家去追寻自己的理想。这时候，他才14岁，但他相信，只要自己愿意努力，安徒生这个名字一定会流传千古。

到了哥本哈根，他挨家挨户地按门铃，几乎按遍了所有达官贵人的门铃，却没有人赏识他，他衣衫褴褛地流浪街头，却仍不减他心中的热情。

在 1835 年，他发表的童话故事终于吸引了儿童的目光，开启了属于安徒生的新篇章，他的童话故事被译成多种文字，除了《圣经》之外，没有任何一本书比得上。这时，距离他离开家已经 16 年了。

其实，在生命陷入谷底的刹那，再激励人的格言都是无效的，而最有用的方法就是检视自己的内心，看看那里面装着什么——是"失败""痛苦""沮丧""伤心""失望"？还是，"很好！在努力下我又有了进步！""很不错，我还有努力的空间和机会！""太棒了！人生多了一种不同的滋味！"也许别人不能理解你的想法，但你的注意力是正向的，你得到的结果就是正向的！

心中有种子，将来就有收获

在人生的征途上，我们需要保留的东西有很多，这其中有一样千万不能遗忘，那就是希望。希望是宝贵的，它犹如孕育生命的种子，可以随处发芽。只要抱有希望，生命便不会枯竭。

曾看到这样一则故事，至今仍回味无穷。

故事中说，有个突然失去双亲的孤儿，生活非常困苦，今年唯一能让他熬过冬天的粮食，就只剩下父母生前留下的一小袋豆子了。

但是，此刻的他，却决定要忍受饥饿。他将豆子收藏起来，饿

着肚子开始四处捡破烂，这个寒冬他就靠着这些微薄的收入度过了。也许有人要问，他为什么要这么委屈或折磨自己，何不先用这些豆子充饥，熬过了冬天再说？

或许，聪明的人已经猜到了，原来整个冬天，在孩子的心中充满着播种豆子的希望与梦想。

即使这个冬天他过得再辛苦，他也不曾去触碰那袋豆子，只因那是他的"希望种子"。

当春光温柔地照着大地的时候，孤儿立即将那一小袋豆子播种下去，经过夏天的辛勤劳动，到了秋天，他果然得到丰富的收获。

然而，面对这次的丰收，他却一点也不满足，因为他还想要得到更多的收获，于是他把今年收获的豆子再次存留下来，以便来年继续播种、收获。

就这样，日复一日，年复一年，种了又收，收了又种。

终于，孤儿的房前屋后全都种满了豆子，他也告别了贫穷，成为当地最富有的农人。

凡是看得见未来的人，也一定能掌握现在，因为明天的方向他已经规划好了，知道自己的人生将走向何方。

生活是具有两面性的，纵然是在令人痛不欲生的苦难中，也蕴含着细微的美妙，虽然它很细微，但只要你有一双发现美的眼睛，就能在厄运中抓住人生前行的希望。如果你能留住心中的"希望种子"，你的前途必然不可限量，因为心存希望，任何艰难都不会成为我们的阻碍。只要怀抱希望，生命自然会尽情绽放。

所有的安全感，都来源于你的不断积累

　　得到命运垂青之前，那些"好命"的人都经过了长期、艰苦的奋斗。他们之所以比别人命更好，是因为他们较之常人为此进行了更为漫长和充分的准备工作。他们就像一颗颗种子，在黑暗的泥土里积蓄营养和能量，一旦听到春风的呼唤，就会破土而出，生长成挺拔俊秀的栋梁之材。

其实你有能力让自己活得更好

如果一个人认为自己没有资格拥有更好的东西，他就不会拥有更好的东西。

世上所有的伟大成就都源于人们对某个事物的追求。这种渴望，不仅能够激发人的勇气，也能让人在面对艰难险阻的时候愿意做出某些牺牲，甚至是自己的生命。这种渴望，一旦被唤醒，内心的力量就会被激发。

在河北省廊坊市，一提起姜桂芝，人人都会竖起大拇指。

这个女人在 44 岁时下岗了，当时，她的丈夫也失业在家，儿子正在读大学，她是家里的经济支柱，而下岗使得这个唯一的经济来源也被掐断了。她一下子迷茫了，她原本只想安安分分地等到退休，现在，她不知道这个家的出路在哪里。但是她知道，自己绝不能倒下，她还要继续支撑这个家。

她在街上摆了个摊，卖早餐。她是个腼腆害羞的女人，以前在单位，开会发言她都会脸红，说话吞吞吐吐的，惹得同事们放声大笑。现在，她不得不改变了，她的嗓门一下子大了起来，对着街上熙熙攘攘的人群，她硬着头皮高喊："卖油条啦，刚炸好的油条，油好面好口感好！""八宝粥，自家用心熬的八宝粥，又卫生又营养的八宝粥啦！"有些时候，她还会别出心裁地喊出些吸引人的词汇，引得来往的行人不断侧目，生意比她之前想象的要好很多。一个月下来，她粗略地算了一下，差不多赚了2300块钱，这要比下岗前的工资多出1000多元，她的心里一下子亮堂起来了。虽然现在很辛苦，但她却很高兴，她觉得自己的生活能过得更好。

由于生意很好，她一个人确实忙不过来，就说服开摩的的丈夫和她一起出摊。丈夫爽快地答应了。夫妻俩同心协力，开始了新的人生旅程。他们从当街早餐开始，到租门面房卖小吃，再到开面食加工厂。仅仅用了8年的时间，她就从下岗女工摇身一变成了资产近千万的民营企业家。

在接受记者采访时，姜桂芝说了这样一段话："我实在想不到我的今天会是这么好，以前总觉得自己很平庸，做什么都不成，在单位混口饭吃就满足了。可一下岗，我整个人都变精神了，才觉得自己可以做很多的事情，可以做一番事业。如果不是下岗，恐怕我就浑浑噩噩过一辈子了。"

不管生活给了我们怎样的残忍考验，如果我们敢于往上看，就能达到你自己都未曾想到过的高度。许多人举步维艰，往往就是因为他们严重低估了自己。他们思想的局限性，认为自己无用和愚蠢的想法，正是他们人生的最大枷锁。如果一个人自认为无能，那就没有任何力量可以帮助他去实现成功。

很多时候，正是我们自己把自己围在了城里：主观上的认识

偏见，个性上的不足，客观上的陈规陋习等都制约着我们实现生命价值的最大化。如果我们想在一生中有所作为，我们就必须要学会不停地突围。

缺少规划的人生怎么走都是逆风

只看眼前的快乐，却忽视了一生的幸福，只看现在，不考虑以后，正是我们考虑问题时的坏习惯之一。这个坏习惯给我们带来的危害是巨大的，很多人因此而一生无所作为，甚至陷入窘迫的境地，因此我们一定要努力在思想上纠正这一点，别让它毁了我们的一生。

有这样一个有趣的故事：有一个美国人，一个法国人，一个犹太人，在同一天被关进了监狱，刑期都是3年。有一天，监狱长对他们说："你们现在每个人可以向我提一个要求，只要合法，我一定满足你们。"

美国人说："我要够我3年抽的烟草。"

法国人说："我要一个漂亮的女人。"

犹太人说："我要一部能上网的电脑。"

3年过去了。

美国人从监狱中冲了出来，满脸烟末，狂吼着要打火机。

法国人和一个女人从监狱里出来，他抱着一个孩子，那个女人领着一个孩子，女人的肚子里还怀着一个孩子，两人都一脸愁容，他们在想，3个孩子，怎么养活？

只有犹太人出来时满面春风，他握着监狱长的手说道："谢谢你了，多亏了这部电脑，3年中我的生意不但没有中断，还扩大了两倍，为了表示谢意，我送你一辆奔驰。"

上面故事中的犹太人，在考虑问题时，富于预见性，最终获得了成功。而那个美国人和法国人，走一步看一步，只考虑眼前的快活，不为以后打算，结果虚度了3年时光，并给以后的生活留下了负担。这就是不同的视角带来的不同结果，如果你考虑得不够长远，那就得承受短视带来的苦果。这就像我们买房子一样，冬天时你看到楼旁有一条可供溜冰、玩耍的小河，不要高兴地认为这所房子再理想不过，城里的小河一般都受到不同程度的污染，在买之前，你还应该考虑一下，这条河到了夏天是否会让你感到不舒服。

考虑问题只看眼前的另一个后果，就是会使你陷入被动。

李某想开一家饭店，可是手里却没有本钱，妻子的意见是李某最好先去别人的饭店打工，一边挣些钱，一边学点经验，总不能全靠借贷开店啊！但李某却不同意："船到桥头自然直，还是借钱先把店开起来再说，还钱啊什么的以后再考虑！"就这样李某从朋友和亲戚手里借了八九万，饭店就开张了。一段时间后，一个

朋友家里出了事，就来找李某要当初借他的 3 万元钱。李某这下子可着了急，向银行贷款是不用想了，唯一的办法就是托人借"高息贷款"，妻子劝他多想想，他却说："先借来还给朋友，这 3 万块钱慢慢再还吧！"饭店开张两个月了，可客人却稀稀落落，挣来的钱勉强够维持日常支出。这样下去可不是办法，李某又有了一个新想法：允许赊账，他认为这样做一定会招来顾客。朋友们纷纷劝他一定要慎重，因为赊欠就像一个雪球，总是越滚越大，它可能会解决眼前客人少的问题，但时间长了，它也会给经营带来困难。然而李某依然没有听从大家的劝告，允许赊欠后，店里的生意果然火了起来，街坊邻居都来凑热闹，可是好景不长，两个月后李某就支撑不住了，店里连买菜的钱都不够，他开始收账，但那些常客翻脸像翻书一样快，再也不登门了。就这样，开店 4 个月后，李某低价把饭店转让了出去，他没挣到一分钱，却欠了很多债，惹了不少麻烦，现在夫妻俩还得每天出去讨债呢！

李某的失败就是由于对问题的考虑不够长远造成的，我们看到他在解决问题时，总是只顾眼前需要，而不看后果如何，他借贷开店，不考虑日后的还款能力，为了解决顾客少的问题，竟然采取允许赊欠的方法，既不考虑可能会给资金流动带来的影响，也不考虑日后收账的困难，他这种拆了东墙补西墙的方式，虽然解决了眼前的问题，却给日后的经营埋下了隐患，最后终于导致了经营的彻底失败。

我们常把只看眼前不顾以后的做法称为短视，一个短视的人很难正确处理生活中遇到的各种问题，而且也很难有什么成就。

在不断前进的人生旅途中，一个人如果总是想一步走一步，那么，他就会碰到很多障碍。只有抛弃短视的习惯，多做一些长远打算的人，才能把握自己的人生，拥有一个不可限量的未来。

心里有条路，才能不迷路

因为去哪儿无所谓，所以走哪条路也无所谓，这是很多人的生活写照，因为没有规划，所以索性走一步算一步，自己不知道该怎样做，别人也帮不了他们，而且就算别人说的再好，那也是别人的观点，不能转化成他们的有效行动。

一项调查显示，每100个人中就有98人对现在的生活状况不满意，难道他们不想改变吗？

没有钱的人，他们不想有钱吗？职位低的人，他们不想高升吗？工作乏味的人，他们不想有一个更适合自己的工作吗？孤单的人，他们不想有一个美满的家庭吗？想，他们当然想，这个"想"字就代表了一种愿望、一个目标、一个蓝图。只是他们不知道通过什么样的途径实现目标，也就是不能为自己的目标做一个规划。

如果你不知道要到哪儿去，通常你哪儿也去不了。我们在畅想生活的美好前景时，心里会激动不已，可一旦涉及如何完成这

个目标的行动时，又往往觉得无从下手，感觉难上加难。很多目标就这样被一个"难"字卡住了。实际上事情的完成不可能轻而易举，目标永远高于现实，从低往高走哪有不费力的道理？关键在于规划，在于要充分挖掘自身潜力，制定一个具体可行的计划。

规划，就是人生的基本航线，有了航线，知道自己想要去哪里，我们就不会偏离目标，更不会迷失方向，生命之舟才能划得更远、行驶得更顺畅。

日本著名企业家井上富雄年轻时曾在 IBM 公司工作。可是不幸的事情发生了，由于他体质较弱，再加上过分卖力，导致积劳成疾，一病不起。他凭着强大的意志与病魔对抗 3 年之久，终于得以康复，并重新回到公司工作。

这个时候他已经 25 岁了，他觉得自己浪费了太多的时间，现在亟须为自己的未来制订一份计划。这样，一份未来 25 年的人生计划诞生了，这是他第一次为自己制订人生计划。此后，他每年都为自己未来的 25 年订立新的计划。比如 27 岁时，制订了到 52 岁时的人生计划；到了 30 岁时，制订了 55 岁时的人生计划。

由于担心过分逞强会引起旧病复发，井上富雄需要一种既能悠闲工作又可快速休息的方法。最初他是这样想的：好吧，别人花 3 年时间做到的，我就花 5 年时间去做；别人花 5 年时间，我就花 10 年时间，只要有条不紊、一步步前进，总是会有成就的。

他一直在思索，"如何才能以最少的劳力，消耗最少的精神，以最短的时间方能达到目的。"换言之，他一直在规划着一种既不过分劳累又能获得成功的人生战略。他依据现实情况，不断对规划做出调整，追加新的努力目标，使自己人生追求逐渐扩展充实起来。他为自己的人生规划做足了准备，当他还是一个办事员的时候，就已经具备了科长的能力；当上科长以后，他又开始学习经理应当具备的知识；做了经理以后，就进一步学习怎么去做总经理。他的升迁比别人要快得多，这一切都得益于他所制定的人生规划。

到了 47 岁，他干脆离开 IBM，自己开始创业，之后，他取得了更加辉煌的成就。对于后辈们，他给出了这样的忠告："做什么事都要有计划。计划会促使事情的早日完成或理想的早日实现。"

人生从来就不是一个轻松的过程，假如你漫无目的、毫无规划地生活，只会让你的人生一团乱麻。生活中几乎每个人都有这样的经历：假日清晨一觉醒来，觉得今天没有什么重要的事情需要处理，就会东游西逛，懒懒散散地度过一天，如果我们有一个非做不可的计划，不管怎样，多少都会有点成绩。

有准备的人更容易获得机会

机遇虽然是一种客观的事物，但它却是被参与认识世界、改造世界的人创造出来的，它是人的主观能动性与外界环境变化的

客观必然性相"合拍"的产物。

当一个人主观条件得到优化，也会影响客观环境的改变，将有利于适应个人发展的良好机遇的发生。成功者的经历证明，客观机遇降临时，自身素质较强的人显然要比一般人更容易捕捉到机遇。

郑雯和韩宁大学毕业以后，开始了自己艰难的求职旅程，起初郑雯和韩宁一样，一次次地投递简历，然而她们等来的是一次次的失败。郑雯终于坐不住了，她决定改变战术，主动出击，首先，她到网络上下载了许多关于求职之道的资料，细心解读后，先理了一个老少皆宜的发型，然后又买了一套职业装，还买回了大包的口香糖。再买信封，也是挑那种印刷精美、质地优良的，开始了新一轮的投送。

回信不断传来，郑雯又像赶场似的去面试。然而，结局还是跟没理发、没嚼口香糖之前一样。

屡战屡败的郑雯，翻着手头所剩无几的面试通知书，心中好不凄凉。其中有一张通知是一家化妆品公司寄来的，这无意间提醒了她，家里的洗涤用品该买了。

在商场里，郑雯看到了那家公司的产品，不知来了灵感，还是怎么回事，郑雯似乎突然明白该怎么做了。

她在商场泡了一整天，观察有多少顾客光顾化妆品柜台，有多少人买了这家公司的产品。她小心翼翼地赔着笑脸，向售货员小姐询问有关化妆品的事情，得到了不少"情报"。

两天后，郑雯又去面试，但这次她胸有成竹，说出不少关于化妆品市场的看法。

主持面试的那家公司的副总，是特地从上海赶来北京的，听完了郑雯的讲述，率直地说："郑小姐，对不起！您刚才讲的有很多错……"

"哦！请您，请您再给我一次机会。"郑雯带着期望的眼神看着面前的副总。

"郑小姐，听我把话说完，尽管你讲的很多情况是错的，但你是所有应聘者中唯一肯花时间到商店去看我们产品的人。我看你是一个有心的女孩儿，这样吧，你明天来上班吧！"

一切是这么的艰难，艰难是因为自己以前没有准备；一切又是这么的简单，简单是因为自己现在有了准备；一切是这么的偶然，一切又是这么的必然。就这样，郑雯上班了。几年后，她凭借自己有准备的头脑，把握住了一次次的机会，终于坐上了营销总监的宝座。韩宁则因为没有找到合适的工作回老家结婚去了。

比尔·盖茨说："等待机会而至成为一种习惯，这真是一件危险的事。"人的前途，往往就是在这种等待中消失的。对于那些缺乏主观能动性的人来说，机会是可望而不可即的。

机遇不会主动与你会晤，你只有不断去挖掘它，适时醒目地亮出你自己，找到赏识你的人，引起他人的关注和重视，你才有可能找到机遇。

就算长得慢，也别放弃成才

上天有时确实不公平，有些人的起跑线在前，有些人的在后，注定了在前的比在后的有优势。但到底谁跑得快、最先到达胜利的终点，还不好说，许多时候往往是后来者居上。俗话说，天道酬勤。没有人能只依靠天分成功，上帝虽然给予了人们不同的天分，但只有勤奋才会将拥有天分的人变为天才。

他母亲生他的时候难产，所以他的出生就被认为是不祥之兆。

他三岁多还不会说话，父母担心他是哑巴，还曾带他去医院检查过。后来，他总算开口说话了，但是说得很不流利，而且他讲的每一句话都像是经过吃力的思考之后才说出来的。

后来，他上学了。同学们都不愿意跟他交往，老师甚至毫不客气地对他父亲说："你儿子智力迟钝，不守纪律，他将来是不会有什么出息的！"他因此极度自卑，在学校里几乎抬不起头来，整天只想着逃学。

一天，父亲带他到郊外散心。父亲指着两棵树说："你知道那是两棵什么树吗？"

他迟钝地摇摇头："不知道。"父亲说："高的叫沙巴，矮的叫冷杉。你觉得哪棵树更珍贵？"他想了想说："应该是沙巴树吧，你瞧，它长得那么高大。"

"错！"父亲说，"长得快，木质一定疏松。长得慢，木质坚硬，才珍贵呢。而且，贪长的树很难成材，你别看沙巴树现在长得快，3年之后就不长了，很少有沙巴树能长得超过10米。冷杉却不同，别看它长得慢，但它始终如一地坚持生长。而且，它的寿命极长，活上万年都不成问题。"

说着，父亲把他领到冷杉面前，这棵直插云霄的千年古树至今仍然生机勃勃。他仰着头，若有所思地说："爸爸，你是想让我做一棵树，做一棵虽然长得慢但是永不放弃的冷杉树，对不对？"父亲满意地点了点头。

从此，他不再逃学了。有一天，在手工课上，他费了很大劲做出一只难看的小板凳，结果遭到了全班同学的嘲笑。但是，父亲没有嘲笑他，因为通过这只制作粗糙的小板凳，父亲看到儿子身上已经具备了一种难能可贵的韧性。

在讥讽和嘲笑中，他慢慢地长大了。为了成为一棵直冲云霄的冷杉树，他开始在书籍中寻找寄托、寻找精神力量。他的视野开阔了，头脑里思考的问题也就多了，他经常会提出一些奇奇怪怪的问题。

经过一年的自学和补习，他勉强考入了苏黎世综合工业大学。在大学里，他把精力全部用在课外阅读和实验室里。

大学毕业时，正赶上经济危机爆发，因此他失业在家，只好靠讲授物理赚取每小时 3 法郎的生活费。在授课过程中，他对传统物理学进行了反思，这使他对传统学术观点有了更深的认识，也使他有非常充裕的时间来思考他以前想到的那些奇怪的问题。经过高度紧张而又兴奋的五个星期的奋斗，他写出了 9000 字的论文《论动体的电动力学》，即"狭义相对论"。

整个社会和学术界开始对他重视起来。在短短的一个月时间里，竟然有 15 所大学给他授予了博士证书，法国、德国、美国、波兰等许多国家的著名大学也想聘请他做教授。当年被人们称为"笨蛋""笨东西"，被认为永远也无法成才的他，终于成了全世界公认的、当代最杰出的聪明人物。他就是 20 世纪最伟大的科学巨匠，现代物理学的创始人和奠基人——阿尔伯特·爱因斯坦。

人与树一样，有长得快的，有长得慢的。如果你是长得慢的那一棵，就请告诉自己：我之所以长得慢，是因为在将来的某一天要成才，是因为我要用足够的耐心和信心，去长成一棵参天大树。

其实有没有天赋根本不是问题，问题是你这棵树有没有奋发向上，如果每天都能有一点点进步，一点点超越，那么终有一天会长成参天大树。

所以，不要在乎你是高大的沙巴还是矮小的冷杉，只要努力的精神从你身上散发，就会枝繁叶茂。

只有实力才能支持你走向成功

谁都希望得到别人的肯定，都想在工作中得到老板或上级领导的重视，换句话说就是，得到升迁的机会。但是，要想得到肯定和重视并不是无条件的，关键是看你有没有能力，也就是说，你得有让老板重视你的资本和理由。

曾经有一个人很不满意自己的工作，他愤愤地对朋友说："我的老板一点也不把我放在眼里，在他那里我得不到重视。改天我要对他拍桌子，然后辞职。"

"你对于那家贸易公司完全清楚了吗？对于他们做国际贸易的窍门完全搞通了吗？"他的朋友反问。

"没有！"

"君子报仇，三年不晚。我建议你好好地把他们的一切贸易技巧、商业文书和公司组织完全搞通，甚至连怎么排除影印机的小故障都学会，然后辞职不干。"他的朋友建议，"你把他们的公司当成免费学习的地方，什么东西都通了之后，再一走了之，不是既出了气，又有许多收获吗？"

那人听从了朋友的建议，从此便默记偷学，甚至下班之后，还留在办公室研究写商业文书的方法。

一年之后，那位朋友偶然遇到他，说："你现在大概多半都学会了，可以准备拍桌子不干了嘛！"

"可是我发现近半年来，老板对我刮目相看，最近更是委以重任，又升职，又加薪，我已经成为公司的红人了！"

"这是我早就料到的！"他的朋友笑着说，"当初你的老板不重视你，是因为你的能力不足，却又不努力学习；后来你痛下苦功，当然会令他对你刮目相看。只知抱怨老板，却不反省自己的能力，这是人们常犯的毛病啊！"

你要得到重视，要出人头地，必须要有出类拔萃的资本才行，这样才算找准了让别人重视自己的关键。

许振超曾是青岛港一名普通的桥吊司机，他凭借苦学，练就了一身绝活儿，成为数万人的港口里响当当的技术"大拿"，进而成为闻名全国的英雄人物。

许振超的"无声响操作"，偌大的集装箱放入铁做的船上或车中，居然做到了铁碰铁不出响声，这是许振超的一门绝活儿，其实他之所以创造了这种操作方法，是因为它可以最大程度地降低集装箱、船舶的磨损，尤其是降低桥吊吊具的故障率，提高工作效率。实践证明，它是最科学也是最合理的。

有一年，青岛港老港区承运了一批经青岛港卸船，由新疆阿拉山口出境的化工剧毒危险品，这个货种特别怕碰撞，稍有碰撞就有可能引发恶性事故。当时，铁道部有关领导和船东、货主都赶到了码头。为确保安全，码头、铁路专线都派了武警和消防员。泰然自若的许振超和他的队友们，在这一关键时刻把绝活儿亮出来了，只用了一个半小时，40个集装箱被悄然无声地从船上卸下，又一声不响地装上火车。面对这轻松如"行云流水"般的作业，紧张了许久的船主、货主们一齐欢呼起来。

许振超是位创新的探索者，他的认识很朴素：我当不了科学家，但可以有一身的绝活儿。这些绝活儿可以使我成为一名能工巧匠，这是时代和港口所需要的。就是凭借着这样的一种信念，许振超的"技术口袋"里的绝活儿愈来愈多了。

在企业改制过程中，不少人下岗，其中不乏具中专、大专学历者，而许振超以一个初中的学历，硬是靠着关键时刻能打硬仗的绝活儿，使他成为一个大型企业的员工楷模。

所以，要想赢得难得的机会，就必须勤学苦练，培养自己的才能，壮大自己的实力。只有这样，才能获得他人的重视和肯定，获得机会的垂青。

天分加勤奋，你终会无可代替

何为天才？按字面理解就是天纵之才。它是把双刃剑，有天赋的人，可以在谈笑间完成别人难以完成的任务，让人徒生羡慕，然而，也因为有了天赋，有些人便怠慢后天的勤奋，最终酿成的是一杯杯苦酒。天赋，有时也会让人平庸，甚至渺小。天赋不能决定人生，但勤奋可让人优秀，资质平平的人，如果肯努力、肯付出，前程绝不会是灰暗的。有了天赋又勤奋，便可以变得无可替代。

自从进入 NBA 以来，科比就从未缺少过关注，从一个高中生一夜成为百万富翁，到现在的亿万富翁，他的知名度在不断上升。洛杉矶如此浮华的一座城市对谁都充满了诱惑，但科比却说："我可没有过洛杉矶式的生活。"从宣布跳过大学加盟 NBA 的那一刻，他就很清楚，自己面对的挑战是什么。

每天凌晨 4 点，当人们还在睡梦中时，科比就已经起床奔向跑道，他要进行 60 分钟的伸展和跑步练习。9:30 开始的球队集中训练，科比总是最少提前一个小时到达球馆，当然，也正是这样的态度，让科比迅速成长起来。于是，奥尼尔说："从未见过天分这样高，又这样努力的球员。"

10 几年弹指一挥间，科比越发得伟大起来，但他从未降低过对自己的要求，挫折、伤病，他从没放弃过。右手伤了就练左手，手指伤了无所谓，脚踝扭到只要能上场就绝不缺赛，背部僵硬，膝盖积水……一次次的伤病造就出来的，只是更强的科比·布莱恩特。于是你看到的永远如你从科比口中听到的一样——"只有我才能使自己停下来，他们不可能打倒我，除非杀了我，而任何不能杀了我的就只会令我更坚强"。

当然，想要成功绝不是说一句励志语那么简单，这种相同的话与他同时代的很多人都曾说过，但现在我们发现，有些人黯然收场，有些人晚景凄凉，有些人步履蹒跚，96 黄金一代，能与年轻人一争朝夕的就只剩下了科比。

"在奋斗过程中，我学会了怎样打球，我想那就是作为职业球员的全部，你明白了你不可能每次都打得很好，但你不停地奋斗会有好事到来的。"这就是科比，就是那个战神科比。

在很多时候，我们似乎更倾向于一种"天才论"，认为有一种人天生就是做某某的料，所以在某一领域尤为突出的人，时常被我们称之为"天才"。譬如科比，你可能认为他就是个篮球天才，的确，这需要一定的天赋，但若真以天赋论，科比不及同时代的麦格雷迪，若以起点论，科比更不及同年的选秀状元艾弗森，何以如今有如此不同的境遇？答案就是勤奋，是异于常人的勤奋造就了一个 13 号的不朽传奇。

没有人能只依靠天分成功。上帝给予了天分，勤奋将天分变为天才。勤奋，是成功的根本。没有了勤奋，就算再有天赋，也不可能有大的成就。

没有天分却勤奋，同样走向辉煌

如果你天生平凡，那你就要比别人更加努力，而且不能放弃希望！如果尽早做好计划行动，就算是小笨鸟也会有肥肥的虫儿吃，而等那些自以为聪明、慢吞吞的鸟儿起来忙着找虫吃时，早起的鸟儿早已吃得饱饱，精气十足地开始了新一天的生活。

人生的路上也是如此，对于我们这些没有背景的平民百姓来说，要想在激烈的竞争中走在别人前面，就要早些打点行装，开始上路。即使早行的路上会有薄雾遮眼、晓露沾衣，但只要朝着东方跋涉，我们必然会成为最早迎接朝阳的人。

从小他就不喜欢在人前说话，口吃让他生活在阴影里。孤寂的日子里，他爱上了音乐，他发现唱歌比说话更有意思。

一个口齿伶俐的人学习唱歌都不是简单的事，更何况他连话都说不流利。但心中的渴望融进了血液，他发了疯似的拼命练习。

终于有一天，他唱出了动人的歌，没有一丝的磕绊。

这年，他 18 岁了。他参加了一个歌唱选秀比赛，并凭借动人的嗓音一举夺魁。他叫哈里森·克雷格，第二季《澳大利亚好声音》歌唱比赛的冠军，一个严重口吃患者。

记者问他成功的秘诀，他说："闷在水壶里的水要想探出头，就只能让水沸腾起来，冲开盖子。我只不过是把百分之百的热情和努力都投入了进去，让自己沸腾起来，冲破了盖子。"

记者又问："那盖子要一时冲不开呢？"

他笑了，"让水持续沸腾着，总会把盖子冲开，发出成功的啸叫。"

如果说命运故意为难加一个让人痛苦的盖子，那么追寻梦想的心就是火，行动就是让火不停歇燃烧的柴。只要不懈地努力，就会把生活这锅水烧沸腾，顶开压在上面的苦难盖子。

一个人不必天生能干，重要的是勤能补拙，不断地积累经验，提升能力。古往今来，凡有大作为、大建树的人，都有一些共同的特质：做事勤奋、行动力强。在生命中的每一个阶段，努力学习、不断坚持。那些伟大的成功者，在成就一番事业之前，都曾付出过艰辛的努力。勤奋磨尖了你才华的刀刃，让你在知识的海洋中劈波斩浪，并且让你面对困难迎刃而解。

好运，不过是不断努力的结果

常有人把成败归结于命运，认为一旦它故意找碴儿，无论自己怎么做，都不会有好的结果。于是很多人都在抱怨，抱怨上天不公，抱怨自己怀才不遇，乃至因此不思进取、自暴自弃，最终沦为时代的淘汰品。

与其抱怨别人不重视我们，不如反省自己，不断提高自己的能力。倘若我们能够在自己所处的领域中，以饱满的热情、以一丝不苟的态度、以不断进取的精神，去迎接看似枯燥乏味的事业，我们就能实现自己的人生价值，得到相应的荣耀与肯定。

经济萧条时期，钱很难赚。一位孝顺的小男生想找个工作替父母分忧。他的运气还算不错，真的有一家商铺想招一名推销员。小男生决定去试试。跟他一样，共有7个小男生想在这里碰碰运气。店主说："你们都非常棒，但很遗憾，我只能在你们中间选一个。我们不如来个小小的比赛，谁最终胜出了，谁就能留下来。"

这样的方式不但公平，而且有趣，小男生都同意了。店主接着说："我在这里立一根细钢管，在距钢管2米的地方画一条线，你们都站在线外面，然后用小玻璃球投掷钢管，每人 10 次机会，谁掷准的次数多，谁就胜了。"

结果呢？——谁也没有掷准一次，店主只好决定明天继续比赛。

第二天，只来了 3 个小男生。店主说："恭喜你们，你们已经成功淘汰了 4 名竞争对手。现在比赛将在你们 3 人中间进行。"

接下来，前两个小男生很快掷完了，其中一个还掷准了一次钢管。

轮到这位有孝心的小男生了。他不慌不忙地走到线前，瞄准钢管，将玻璃球一颗颗地掷了出去，他一共掷准了 7 颗！

店主和另外两个小伙伴都惊呆了！——这几乎是个依靠运气取胜的游戏，好运为什么会一连 7 次降临在他头上？

"恭喜你，小伙子，你赢了，可是你能告诉我，你胜出的诀窍是什么吗？"店主说。

小男生眨了眨眼："本来这比赛是完全靠运气的，不是吗？但为了赢得运气，我一晚上没睡觉，都在练习投掷。我想，如果不做任何练习，10 次中掷准一次，就算是运气最好的了，但做过训练以后，即使运气最坏，10 次中也应该能掷准一次，不是吗？"

要完成某项工作，需要的是技术；要努力使它变得完美，则是一门艺术。事业的成功，有运气的成分在里面，但勤奋却能使好运更容易降临。

人的力量和才能，只有在不断的运用中才能得到发展。如果你

只付出了一半的努力，并就此满足，那么你就浪费了另一半才能。如果你认为自己完全可以从事更重要的工作，而现阶段你的工作又微不足道，你就完全不必为此感到伤心和烦躁，你要知道，如果你具备非凡的才能和卓越的品质，不管你的地位多么卑微，终有一天会出人头地。

多做一点，你的机会就多一点

积极主动是一种极为珍贵、备受看重的素养，它能使人变得更加敏捷、更加积极。无论你是管理者、还是普通职员，是亿万富豪、还是平头百姓，每天多做一点，你的机会就会更多一点。

每天多做一点，也许会占用你的时间，但是，你的行为会使你赢得良好的声誉，并增加他人对你的信任感。

社会在发展，公司在成长，竞争愈演愈烈，个人的职责范围亦随之扩大。不要总以"这不是我分内的工作"为由而逃避责任，当额外的工作分配到你头上时，不妨将之视为一种机遇。

对沃西来说，一生影响最深远的一次职务提升，就是由一件小事情引起的。

一个星期六的下午，有位律师走进来问他，哪儿能找到一位速记员来帮忙——手头有些工作必须当天完成。

沃西告诉他，公司所有速记员都去观看球赛了，如果晚来 5 分钟，自己也会走。但沃西同时表示自己愿意留下来帮助他，因为"球赛随时都可以看，但是工作必须在当天完成"。

做完工作后，律师问沃西应该付他多少钱。沃西开玩笑地回答："哦，既然是你的工作，大约 800 美元吧。如果是别人的工作，我是不会收取任何费用的。"律师笑了笑，向沃西表示谢意。

沃西的回答不过是一个玩笑，并没有真正想得到 800 美元。但出乎沃西意料，那位律师竟然真的这样做了。6 个月之后，当沃西已将此事忘到了九霄云外的时候，律师却找到了他，交给他 800 美元，并且邀请沃西到自己公司工作，薪水比现在高出 800 多美元。

一个周六的下午，沃西放弃了自己喜欢的球赛，多做了一点事情，最初的动机不过是助人为乐，完全没有金钱上的考虑，但却为自己增加了 800 美元的现金收入，而且为自己带来一项比以前更重要、收入更高的职务。

每天多做一点，初衷也许并非为了获得报酬，但往往获得的会更多。

付出多少，得到多少，这是一个众所周知的因果法则。也许你的投入无法立刻得到相应的回报，也不要气馁，应该一如既往地多付出一点，回报可能会在不经意间，以出人意料的方式出现。最常见的回报是晋升和加薪。除了老板以外，回报也可能来自他人，以一种间接的方式来实现。

其实做一点分外工作也是一个学习的机会，多学会一种技能，多熟悉一种业务，对你是有利无害的。同时，这样做又能引起别人对你的关注，何乐而不为呢？

跨不过去才是苟且，跨过去就是远方

生活总有千般苦，既然我们做不到挥手出红尘，就要在生活中学会微笑。不要去抱怨命运多舛、造化弄人。关键要调整自己的心态，用心去发现生活中的善和美。在没有阳光普照的日子里，要学会温暖自己，使自己变得坚强，使心灵充满希望。

每个成功者都有过一段落寞时光

《圣经》中有这么一段话：人啊！你为何跃跃欲试？你为什么这样急于求成？你要耐得住寂寞，因为成功的辉煌就隐藏在寂寞的背后。落寞的时候会有很多，不管是在什么时候要记住自己的落寞，如果没有落寞的时候，又怎会有灿烂的到来呢？

在《人间词话》里，王国维也曾说："古今之成大事者、大学问者，必经三种境界：第一种境界是'昨夜西风凋碧树。独上高楼，望尽天涯路'；第二种境界是'衣带渐宽终不悔，为伊消得人憔悴'；最后一种境界是'众里寻他千百度，蓦然回首，那人却在灯火阑珊处'。"这三种境界的含义分别是：

第一种境界是一个迷茫的阶段："昨夜西风凋碧树。独上高楼，望尽天涯路"。说的是做学问成大事业者，首先要有执着的追求、登高望远、勘察路径、明确目标与方向和了解事物的概貌。这也是人生寂寞迷茫、独自寻找目标的阶段。

第二种境界是一个执着的阶段："衣带渐宽终不悔，为伊消得人憔悴"。作者以此两句来比喻成大事者、大学问者，不是轻而易举就能得到的，必须有着坚定的信念，然后经过一番拼搏奋斗、坚持不懈，直至人消瘦、衣带宽也不后悔的精神，才能取得成功。这也是人生的孤独追求阶段。

第三种境界是一个返璞归真的阶段："众里寻他千百度，蓦然回首，那人却在灯火阑珊处"。这第三种境界是说，做学问、成大事者，必须有执着专注的精神，反复追寻、研究，经过千辛万苦的探索之后，自然会豁然贯通，有所发现。这也是人生的实现目标阶段。

由此可见，要想获得成功，首先要耐得住寂寞，再加上不懈的努力和坚持，才能到达自己追求的境界。耐得住寂寞是一个人思想灵魂修养的体现，是难能可贵的一种素质风范。

在漫漫的人生中，寂寞总是如影随形，它如同喜怒哀乐一样，时刻伴随着我们。要正确对待寂寞，耐得住寂寞，其实很简单，关键就取决于我们对寂寞的认识和追求成功的动机。

如果一个人胸无大志、平庸而又堕落，他自然是耐不住寂寞的；如果一个人有着高尚的思想境界，有着追求事业的良好心态，就能够在纷繁复杂的生活中告别"声色犬马"，走出浮躁喧嚣的世界，真正静下心来，踏踏实实地干好工作，认认真真地做好事业。

在荧屏上，有这样一种演员，观众对他们既熟悉却又陌生。熟悉的是，在很多电影里不止一次地见过他们；陌生的是，尽管观众对他们的面孔熟悉，但对他们了解很少，甚至不知道他们的名字，他们就是"跑龙套"的。

众所周知，周星驰在早期剧集中也是扮演着微不足道的小人

物，这些小人物的共同特点就是，除了一些梦想、一股气力和一点亲情外，其他一无所有。在那个年代的香港，人们最看重的就是梦想。那个时代是一个有梦想的年代，无数香港人白手起家发家致富完成了自己的梦想，周星驰在演绎别人实现梦想的过程中，也在努力实现自己的明星梦。

在当时众星云集藏龙卧虎的无线电视台，外形、造型、台风都非常优秀的年轻红星数不胜数，很多"跑龙套"的人，无非是混口饭吃而已，刺客甲也好，路人乙也罢，都没有任何区别，只要赚点钱能够养家糊口就够了。

为了能赚一点糊口的小钱，本来性格沉闷的周星驰还不得不学着很油滑的样子，跟人家插科打诨磨嘴皮子套近乎。有时候一个死尸的差使也要费尽口舌才能争取到，几乎没有任何尊严可言，导演、场务、助理等随便哪个人都可以对他呼来喝去。每当这个时候，周星驰心里都感觉很委屈，但是又必须坚持着、无可奈何地去忍受。关于这些陈年往事，周星驰从不愿提起，每一次说起，都是一次难以缓解的伤感，连自己的情绪都很受影响。

如今影坛中的星爷，很多人看到的都是他辉煌的一面，对于他25年的星路历程以及个中的辛酸是非常人所能理解的。他扛住了生活给他的考验，耐住了星路历程中的寂寞，几番打拼才获得了今天的成就。

只有耐得住寂寞考验的人，才会让精神灵魂在独处中得到升华，学会享受寂寞，并在寂寞中创出自己的一番成绩。

王国维也曾经徘徊在寂寞的旅途中，1912 年，他与罗振玉一起去了日本，住在京都的乡下，用了六七年的时间，王国维系统地阅读了罗振玉大云书库的藏书，那段时间，他几乎与世隔绝。正是有了这六七年的寂寞，让他最后实现了自己的成功和辉煌。

郭沫若在甲骨文、金文方面的成就，也是得益于他 1927 年至 1937 年在日本的十年苦读。如果没有这些年的寂寞，他又怎么会实现自己的辉煌成就呢？

路遥在介绍他的《平凡的世界》的创作过程时，这样写道：无论是汗流浃背的夏天，还是瑟瑟发抖的寒冬，白天黑夜泡在书中，精神状态完全变成一个准备高考的高中生，或者成了一个纯粹的"书呆子"。所以说，路遥在成功之前也曾经寂寞过。

寂寞有的时候就像是一盏明灯，当你在灯光底下的时候，你往往感受到的是刺眼的强光，你根本找不到值得你去留恋的东西，因为这束强光往往会影响到你的心情，如果在这个时候你不知道该怎么走，不妨停下来，在灯光下思索一下，最终你会发现自己前方的路。

成与败只在一念之间

　　成功与失败的区别只在一念之间，取决于你能否坚持到最后一刻。

　　很多人都是在事业初期斗志昂扬，在这一阶段，普通人与成功人士并没有太大的差别。往往到最后那一刻，顽强者与懈怠者便出现了不同之处：前者克服了一切困难，一直撑到最后，而后者却被困难击倒，放弃了努力，在中途便停了下来。于是，便产生了不同的结局。

　　一个年轻人刚刚毕业，便来到海上油田钻井队工作。第一天上班，带班的班长提出这样一个要求：在限定的时间内登上几十米高的钻井架，然后将一个包装好的漂亮盒子送到最顶层的主管手里。年轻人听后，尽管百思不得其解，但他还是按照要求去做了，他沿着狭窄的舷梯快步登上了高高的井架，然后气喘吁吁地将盒子交给主管。主管只在上面签下了自己的名字，然后让他送回去。他仍然按照要求去做，快步跑下舷梯，把盒子交给班长，班长和主管一样，同样在上面签下自己的名字，接着再让他送交给主管。

这时，他有些犹豫。但是依然照做了，当第二次登上顶层把盒子交给主管时，他已累得两腿直发抖。可是主管却和上次一样，签下自己的名字之后，让他把盒子再送回去。年轻人把汗水擦干净，转身又向舷梯走去，把盒子送下来，班长签完字，让他再送上去。他实在忍不住了，用愤怒的眼神看着班长平静的脸，但是他尽力装出一副平静的样子，又拿起盒子艰难地往上爬。当他上到最顶层时，衣服都湿透了，他第三次把盒子递给主管，主管傲慢地说："请你帮我把盒子打开。"他将包装纸撕开，看到盒子里面是一罐咖啡和一罐咖啡伴侣。这时，他再也忍不住了，怒气冲冲地看着主管。主管好像并没有发现他已经生气了，只丢下一句冰冷的话："现在请你把咖啡冲上！"年轻人终于爆发了，把盒子重重地摔在了地上，然后说了一句："这份工作，我不干了！"说完，他看看摔在地上的盒子，刚才的怒气一下子都释放了出来。

这时，那位傲慢的主管以最快的速度站起来，直视他说："年轻人，刚才我们做的这一切，被称为承受极限训练，因为每一个在海上作业的人，随时都有可能遇到危险。不幸的是，你没有坚持到最后，虽然你通过了前三次，可是最后你却因难忍一时之气而功亏一篑。要知道，只差最后一点点，你就可以喝到自己冲的甜咖啡。现在，你可以走了。"

人生成功的转折点，关键在于能够一直坚持下去。那些毅力不够坚强的人，在困难面前往往选择逃避或半途而废。人生中几乎所有的失败，都是源于他们没有坚持到底。这就像我们爬山一样，

在即将到达顶峰时若不能再使一点力气，那就有可能前功尽弃到不了峰顶，这就是成功与失败的最本质的区别。换言之，成功与失败，就看他能否坚持到底。

所以说，不管在什么样的情况下，都不要让自己变得那么的懦弱，不要因为暂时的一点挫折，而放弃本应该属于自己的成功，也不要因为自己暂时的失败，而放弃了自己的梦想。

许多失败者的可悲之处在于，被眼前的障碍所吓倒，他们不明白只要坚持一下，排除障碍，就会走出逆境，就会走出属于自己的一片天空，结果在即将走向成功时，自己打败了自己，也就失去了应有的荣誉，从而与成功失之交臂。

认准的事儿，千万别放弃

成功的路上纵然多荆棘、多坎坷，但是心中若有梦想，就一定要坚持。不坚持，你的梦想再伟大，也无法成为现实。

大卫·贝克汉姆是举世知名的足球运动员，但他最初却是一名"越野跑"选手。贝克汉姆加入车队不久，机会就来了，著名的 Essex 越野跑大赛将在 4 个月后隆重开幕。遗憾的是，他所在的车队知道这个消息时，报名截止日期已经过去了。尽管如此，车队的老板还是希望借助这个机会把车队的名气打出去。他去拜访大赛的组织者亨特里先生，希望事情能有转机，结果，碰了个软钉子，垂头丧气地回来了。但他并未死心，又派几个得力的助手去拜访，结果依然无功而返。

大家都很沮丧，已经准备放弃了。这时，新人贝克汉姆自告奋勇："让我去试试吧，我相信自己能够说服亨特里先生。"老板看着这个乳臭未干的年轻人，摇了摇头："他是个不讲情面的人，孩子，你打动不了他。"

贝克汉姆把胸脯拍得咚咚响："我一定可以做到的！不过我要是成功了，我希望可以代表车队出战。"事情到了这个地步，老板也就抱着"死马当作活马医"的态度，答应了贝克汉姆的请求。

当晚，拿着老板给的地址，贝克汉姆顺利找到了亨特里的别墅，却被保姆拦在了门外。

"你好。"贝克汉姆礼貌地递上车队名片，说："请转告亨特里先生，我想和他聊聊赛车的事。"片刻后，保姆走了出来："对不起，先生说，你们已经来过几次了，没有必要再联系了。"贝克汉姆依然微笑着，说："没关系的，请转告亨特里先生，明天我还会来。"

第二天晚上，贝克汉姆早早来到了亨特里的别墅前，他在八点钟准时敲响房门，开门的依然是那位保姆。贝克汉姆微笑着说："请转告亨特里先生，我想和他聊聊赛车。"保姆不忍当面拒绝，进去请示了，片刻后，保姆出来说："孩子，你还是走吧。先生不愿

意见你。"贝克汉姆仍不气馁，"我明天还是会来的。"

此后的三个月，贝克汉姆每天都来，周末的时候，还坚持一天过来拜访两次，尽管他一次都没见到亨特里先生，但贝克汉姆仍然没有放弃。

那个雨夜，在他又一次敲响房门后，保姆说："孩子，我给你算过了，加上这次，你已经来过整整100次了。我很佩服你，但我们先生应该不会见你，他正在看球。"当得知亨特里还是一名球迷时，贝克汉姆的眼前一亮，他冲着屋内大声说道："亨特里先生，我今天不跟你谈车，我们谈谈足球吧。"当听到亨特里房间里电视的声音弱了很多时，贝克汉姆开始大谈英格兰足球现状和自己的看法。

过了一会儿，门开了，亨特里走了出来，"你是个对足球有深刻见解的人，而且，你很执着，我相信你的未来是光明的。所以，我愿意与你谈谈这次比赛的细节。"接下来，两个人在书房里谈了两个小时，谈妥了贝克汉姆车队参加 Essex 越野跑大赛的所有细节。

一个月后，Essex 越野跑大赛如期进行，凭着出色的表现，贝克汉姆摘得了 Essex 越野跑大赛的冠军。多年后，贝克汉姆转战绿茵场，因为刻苦努力，坚持不懈，他的足球事业同样风生水起，他苦练出来的任意球和长传技术，也成了赛场上屡战屡胜的法宝。每一次去和球迷见面，都有不少球迷问他成功的秘诀，贝克汉姆总是语重心长地说："我想告诉你们的是，这个世界上没有什么比坚持更厉害的武器了，我要送给你们一句话，同时也是我人生的总结——一次挫折是失败，一百次挫折便是成功。"

认准的事儿，千万别放弃。有了第一次放弃，你的人生就会习惯于知难而退，可是如果你克服过去，你的人生就会习惯于迎风破浪地前进，看着只是一个简单的选择，其实影响非常大，会使你走向截然不同的人生。

屡败屡战，成功就在你面前

忍受痛苦比寻死更需要勇气。在绝望中多坚持一下，终必带来喜悦。上帝不会给你不能承受的痛苦，事实上，一个人只要具备了坚忍的品质，便可以苦中取乐，若懂得苦中取乐，则必然会苦尽甘来。

在自然界，有什么东西会比石头还硬，又有什么东西会比水还软？然而，水却可以穿石，因为坚持。或许我们一路走来荆棘遍布，或许我们的前途山重水复，或许我们一直孤立无助，或许，我们高贵的灵魂暂时找不到寄宿……那么，是不是我们就要放弃自己？不！我们为什么不可以拿出勇者的气魄，坚定而自信地对自己说一声："再试一次！"，再试一次，结果也许就大不一样。

几年前，35 岁的普林斯因公司裁员失去了工作。从此，一家人的生活全靠他打零工挣钱来维持，经常是吃了上顿没下顿，有

时甚至一天连一顿饱饭也吃不上。为了找到工作，普林斯一边外出打工，一边到处求职，但所到之处都以没有空缺职位为由将其拒之门外。然而，普林斯并未因此而灰心。他看中了离家不远的一家名为底特律的建筑公司，于是给公司老板寄去了第一封求职信。信中他并没有将自己吹嘘得如何有才干，也没有提出任何要求，只简单地写了这样一句话："请给我一份工作。"

这家建筑公司的老板约翰逊在收到这封求职信后，让手下人回信告诉普林斯，"公司没有空缺"，但是他仍不死心，又给这家公司老板写了第二封求职信。这次他还是没有吹嘘自己，只是在第一封信的基础上多加了一个"请"字："请请给我一份工作。"此后，普林斯一天给公司写两封求职信，每封信的内容都一样，只是在信的开头比前一封信多加一个"请"字。

3年间，普林斯一共写了2500封信。这最后一封信有2500个"请"字，接着还是"给我一份工作"这句话。见到第2500封求职信时，公司老板约翰逊再也沉不住气了，亲笔给他回信："请即刻来公司面试。"

面试时，公司老板约翰逊愉快地告诉普林斯，公司里有项很适合他的工作：处理邮件，因为他很有写信的耐心。

当地电视台的一位记者获知此事后，专程登门对普林斯进行了采访，问他：为什么每封信都只比上一封信多增加一个"请"字？

普林斯平静地回答："这很正常，因为我没有打字机，只能用手写。每次多加一个'请'字，是想让他们知道这些信没有一封是复制的。"

这位记者还问公司老板，为什么录用了普林斯？

老板约翰逊不无幽默地回答："当你看到一封信上有 2500 个'请'字时，你能不受感动？"

所以当我们遇到挫折时，请给自己一个信念：马上行动，坚持到底！成功者绝不放弃，放弃者绝不会成功！所以当你打算放弃梦想时，告诉自己再多撑一天、一个星期、一个月、一年，你会发现，拒绝退场的结果往往令人惊讶。

其实，这世间最容易的事是坚持，最难的事也是坚持。说它最容易，是因为只要愿意做，人人都能做到；说它最难，是因为真正能做到的，终究是极少数的人。但只要你愿意再试一次，你就有可能达到成功的彼岸！

只要还在尝试，就还没有失败

人们遇到挫折时，会采取各种各样的态度。综合起来，无非是两种：一种是对挫折采取积极进取的态度，即理智的态度，这时的挫折激励人追求成功；另一种是采取消极防范的态度，即非理智的态度，这时的挫折使人放弃目标，甚至造成伤害。

失败有泪水，坚持有泪水，成功也有泪水，但是这些泪水都是不一样的，或苦，或涩，或甜。只有尝过了苦涩的，才能尝到甘甜的。其实，每一次失败，都意味着下一个成功的开始；每一次磨难带来的考验，都会给我们带来一分收获；每一次流下的泪水，都是一次醒悟；每一分坎坷，都有生命的财富；每一次奋斗的伤痛，都是成长的支柱。人活着，不可能一帆风顺，想奋斗就必然会经历一些挫折，而最终的结果，则取决于我们对待失败的态度。

美国人希拉斯·菲尔德先生退休的时候已经积攒了一大笔钱，足够过上富裕的日子。然而这时他又突发奇想，想在大西洋的海底铺设一条连接欧洲和美国的电缆。随后，他就全身心地开始推动这项事业。

菲尔德先生首先做了一些前期的基础性工作，包括建造一条1000英里长，从纽约到纽芬兰圣约翰的电报线路。纽芬兰400英里长的电报线路要从人迹罕至的森林中穿过，再加上铺设跨越圣劳伦斯海峡的电缆，整个工程十分浩大。菲尔德使尽浑身解数，总算从英国得到了资助。随后，菲尔德的铺设工作就开始了。电缆一头搁在停泊于塞巴斯托波尔港的英国旗舰"阿伽门农"号上，另一头放在美国海军新造的豪华护卫舰"尼亚加拉"号上。没想到，就在电缆铺设到5英里的时候，它突然被卷到了机器里面，被切断了。

第一次尝试失败了，菲尔德不甘心，又进行了第二次试验。试验中，在铺好200英里长的时候，电流中断了，船上的人们在甲板上焦急地踱来踱去，好像死神就要降临一样。就在菲尔德先生准备放弃这次试验时，电流又神奇地出现了，一如它神奇地消失一样。夜间，船以每小时 4 英里的速度缓缓航行，电缆的铺设也以每小时 4 英里的速度进行。这时，轮船突然发生了一次严重倾斜，制动闸紧急制动，电缆又被割断了。

但菲尔德并不是一个容易在失败面前低头的人。他又购买了 700 英里长的电缆，而且还聘请了一个专家，请他设计一台更好的机器。后来，在英美两国机械师的联手下才把机器赶制出来。最终，两艘军舰在大西洋上会合了，电缆也接上了头；随后，两艘船继续航行，一艘驶向爱尔兰，另一艘驶向纽芬兰。在此期间，又发生了许多次电缆被割断和电流中断的情况，两艘船最后不得不返回爱尔兰海岸。

在不断的失败面前，参与此事的很多人一个个都泄了气；公众舆论对此也流露出怀疑的态度；投资者也对这一项目失去了信心，不愿意再投资了。这时候，菲尔德先生用他百折不挠的精神和他天才的说服力，使这一项目得以继续进行。

于是，尝试又开始了。这次总算一切顺利，全部电缆成功地铺设完毕，且没有任何中断，几条消息也通过这条横跨大西洋的海底电缆发送了出去，一切似乎就要大功告成了。但就在举杯庆贺时，突然电流又中断了。这时候，除了菲尔德和一两个朋友外，几乎没有一个人不感到绝望，但菲尔德始终抱有信心，正是由于这种毫不动摇的信心，使他们最终又找到了投资人，开始了新一轮的尝试。这一次终于取得了成功。菲尔德正是凭着这种不畏失

败的精神，才最终取得了这项辉煌的成就。

很多成功的人在尝试之初难免要经历一定的失败，这是毫无疑问的，毕竟世界上的事情都不可能是一帆风顺的。同样是失败的尝试，为什么有的人最终成功了呢？原因很简单，那些成功的人在尝试失败之后挺住了，挺住了失败带给他们的苦难，所以最终才能品尝到成功的甘甜，才能感悟到成功带给他们的喜悦泪水。

"失败，是走上更高地位的开始。"许多人所以获得最后的胜利，只是受恩于他们对待失败的态度。对于没有遇见过大失败的人，有时他反而不知道什么是大胜利。

摔倒了，先别急着爬起来

摔倒了就马上爬起来？既然已经摔倒了，不如就趴在那里休息几分钟，权衡一下自己下一步该干什么，要不然，马上站起来可能会还有比摔倒更郁闷的事情等着你。

人们常说，失败是成功之母。不过，这是有前提的，如果总是"记吃不记打"，那么，不管失败多少次，也只会一次次摔得头破血流。记不住教训，不可能成功；只有在摔倒后及时检讨自己失败的原因，从中吸取教训，从而改进自己、指导自己，才是正确的人生态度。只有懂得利用失败的人，才能获得最终的成功。

1938年，一个普通的男孩子出生在美国，他的名字叫菲尔·耐特。他和大多数同龄人一样喜欢运动，打篮球、棒球、跑步，并对阿迪达斯、彪马这类运动品牌十分熟悉。耐特喜欢运动几乎达到了狂热的程度，他高中的论文几乎全都是跟运动有关的，就连大学也选择的是美国田径运动的大本营——俄勒冈大学。

可惜，耐特的运动成绩并不好。他最多只能跑一英里，而且成绩很差，他拼了命才跑了4分13秒，而跑一英里的世界级运动员最低录取线为4分钟，就是这多出的13秒决定了他与职业运动员的梦想无缘。

像耐特这样一英里跑不进4分钟的运动员还有很多，尽管他们不甘心被淘汰，但都无法改变这种命运，只得选择了放弃。不过，耐特不想放弃，他认真分析了自己失败的原因之后认为，那次的失败不是他的错，完全是他脚上穿的鞋子的错。

于是，耐特找到了那些跟他一起被淘汰的运动员，跟他们说了自己的想法。他们也一致表示，鞋子确实有问题。不过，在训练和比赛中，运动员患脚病是常有的事，而且很多年以来，运动员都是穿这种鞋子参加训练和比赛的，很少有人想办法解决鞋子的问题。

虽然运动员是做不成了，但是耐特决定要设计一种底子轻、支撑力强、摩擦力小且稳定性好的鞋子。这样就可以帮助运动员，减少他们脚部的伤痛，让他们跑出更好的成绩来。耐特希望自己的鞋子能够让所有的运动员都能充分发挥出自己的潜能，不再因

为鞋子的原因而失败。

　　说干就干，耐特跟自己的教练鲍尔曼合作，精心设计了几幅运动鞋的图样，并请一位补鞋匠协助自己做了几双鞋，免费送给一些运动员使用。没想到，那些穿上他设计的鞋子的运动员，竟然跑出了比以往任何一次都好的成绩。

　　从此耐特信心大增，他为这种鞋取了个名字——耐克，并注册了公司。让人意想不到的是，这个平凡的小伙子创造的耐克，后来甚至超过了阿迪达斯在运动领域的主宰地位。1976 年，耐克公司年销售额仅为 2800 万美元；1980 年却高达 5 亿美元，一举超过在美国领先多年的阿迪达斯公司；到 1990 年，耐克年销售额高达 30 亿美元，把老对手阿迪达斯远远地抛在后面，稳坐美国运动鞋品牌的头把交椅，创造了一个令人难以置信的奇迹。

　　耐特虽然一辈子无法成为职业运动员，但却让所有运动员不再为脚病而苦恼，并成功地把耐克做成了一个传奇。当年与耐特一起被淘汰的运动员不计其数，他们跟耐特一样跌倒了，但是爬起来之前，收获却不一样。耐特爬起来之后，走得很高很远，因为他看准了，自己需要注意的不是自己的速度，而是鞋子。正因为耐特跌倒了能够思考，能够把收获用在以后的日子里，所以他能取得非常高的成就。

　　失败，可以成为站得更稳的基石，也能成为再一次栽倒的陷阱，如何选择，全在于你面对失败的态度。

　　人生的道路不可能一马平川，我们不能因为坎坷不平的坑坑洼洼而拒绝前行；相反，在不平的道路上跌倒了，不要只是趴在地上咀嚼痛苦，更不要怨天尤人，而要痛定思痛，吸取教训，积蓄力量，这样才能在爬起来之后有所收获，才能在未来的路上走得更远。

想要改变，就一定有办法

即使天才，在生下来的时候第一声啼哭，也和平常的儿童一样，绝不会就是一首好诗。

上帝只宠爱那些有自救意识的人，成功只属于有追求、敢搏斗的勇士，对于容易被人生中种种困难所恐吓和束缚的人来说，成功永远是一个美丽的、遥不可及的梦，只能存在于"如果人生可以重来"的想象之中。

他出生在纽约布鲁克林贫民区，他有两个哥哥、一个姐姐、一个妹妹，父亲微薄的工资根本无法维持家用，他从小就在贫穷与歧视中度过。对于未来，他看不到什么希望。没事的时候，他便蹲在低矮的屋檐下，默默地看着远山上的夕阳，沉默而沮丧。

13岁的那一年，有一天，父亲突然递给他一件旧衣服："这件衣服能值多少钱？""大概1美元。"他回答。"你能将它卖到2美元吗？"父亲用探询的目光看着他。"傻子才会买！"他赌着气说。

父亲的目光真诚又透着渴求："你为什么不去试一试呢？你知道的，家里日子并不好过，要是你卖掉了，也算帮了我和你妈妈。"

他这才点了点头："我可以试一试，但是不一定能卖掉。"

他很小心地把衣服洗净，没有熨斗，他就用刷子把衣服刷平，铺在一块平板上阴干。第二天，他带着这件衣服来到一个人流密集的地铁站，经过6个多小时的叫卖，他终于卖出了这件衣服。

他紧紧地攥着2美元，一路奔回了家。以后，每天他都热衷于从垃圾堆里拣出旧衣服，打理好后，去闹市里卖。

如此过了10多天，父亲突然又递给他一件旧衣服："你想想，这件衣服怎样才能卖到20美元？"怎么可能？这么一件旧衣服怎么能卖到20美元，他顶多只值2美元。

"你为什么不去试一试呢？"父亲启发他，"好好想想，总会有办法的。"

终于，他想到了一个好办法。他请自己学画画的表哥在衣服上画了一只可爱的唐老鸭与一只顽皮的米老鼠。他选择在一个贵族子弟学校的门口叫卖。不一会儿，一个开车接少爷放学的管家为他的小少爷买下了这件衣服。那个十来岁的孩子十分喜爱衣服上的图案，一高兴，又给了他5美元的小费。25美元，这无疑是一笔巨款！相当于他父亲一个月的工资。

回到家后，父亲又递给他一件旧衣服："你能把他卖到200美元吗？"父亲目光深邃，像一口老井幽幽地闪着光。

这一回，他没有犹疑，他沉静地接过了衣服，开始了思索。

两个月后，机会终于来了。当红电影《霹雳娇娃》的女主演拉佛西来到了纽约宣传。记者招待会结束后，他猛地推开身边的保安，扑到了拉佛西身边，举着旧衣服请她签个名。拉佛西先是一愣，但是马上就笑了。我想，没有人会拒绝一个纯真孩子的请求。

拉佛西流畅地签完名。他笑了，黝黑的面庞上衬出洁白的牙齿，他说："拉佛西女士，我能把这件衣服卖掉吗？""当然，这是你的衣服，怎么处理完全是你的自由！"

他"哈"的一声欢呼起来："拉佛西小姐亲笔签名的运动衫，售价200美元！"经过现场竞价，一名石油商人出1200美元的高价收购了这件运动衫。

回到家里，他和父亲，还有一大家人陷入了狂欢。父亲感动得泪水横流，不断地亲吻着他的额头："我原本打算，你要是卖不掉，我就找人买下这件衣服。没想到你真的做到了！你真棒！我的孩子，你真的很棒……"

一轮明月升上夜空，透过窗户柔柔地洒满大地。这个晚上，父亲与他抵足而眠。

父亲问："孩子，从卖这3件衣服中，你明白什么了吗？"

"我明白了，您是在启发我，"他感动地说，"只要开动脑筋，办法总是会有的。"

父亲点了点头，又摇了摇头："你说得不错，但这不是我的初衷。"

"我只是想告诉你，一个只值一美元的旧衣服。都有办法高贵

起来，何况我们这些活生生的人呢？我们有什么理由对生活丧失信心呢？我们只不过黑一点儿、穷一点儿，可这又有什么关系？"

就在这一刹那间，他的心中，有一轮灿烂的太阳升了起来，照亮了他的全身和眼前的世界。"连一件旧衣服都有办法高贵，我还有什么理由妄自菲薄呢！"

从此，他开始努力地学习、严格地锻炼，时刻对未来充满着希望！ 20年后，他的名字传遍了世界的每一个角落。他的名字叫——迈克尔·乔丹！

如果你想改变人生，办法总是会有的，如果你想得到你从未有过的东西，就去做你从未做过的事。其实，改变命运并没有多么难，只要你愿意尝试。生命很短，精力有限，人生几十年眨眼间便过去了，不要把自己囚禁在一个小笼子里，放自己的心出去走走，或许你就会看到一个不一样的世界。

尽量走好人生的每一个路口

在遭遇障碍时，我们不要忘了给自己打打气，高歌猛进时也不要忘了给自己降降压。这样我们的人生才不至陷落于某一个旋涡。

4 岁那年，迈克父母在一次车祸中丧生，他被寄养在一个远房舅舅家。舅舅对他很刻薄，吆喝打骂是家常便饭。迈克懂事很早，学习非常用功，成绩出类拔萃，并考上了一所名牌大学的热门专业。但毕业那年，全国的经济萧条，辛辛苦苦找了一年工作，却丝毫没有着落。

对迈克最好的，是那位 60 多岁的房东老太太，她那满头白发下，仍然能看出安详与高贵。每次迈克回来，她都会开门高兴地招呼他，尽管迈克自己有钥匙。看到迈克沮丧的样子，老太太总是安慰他："迈克，事情没那么糟糕，一切都会好起来的。"迈克心里很感动，但他觉得，老太太根本体会不到自己的难处。他想，如果自己能像她那样，每天最重要的事，就是看着马路上川流不息的车辆以及熙熙攘攘的人群，他也一定会这样快乐。

有一天，迈克看着老太太出神的样子，不由得纳闷：在她的思想里，到底装着一个怎样的世界呢？那马路上每天都如此单调，对迈克来说，实在没有什么可看的。他终于忍不住问她："您每天都在看什么？有什么有趣的事情吗？"

老太太笑眯眯地望着迈克："孩子，那马路上的红绿灯，写下的是无数行人生命的征程，怎么会没有意思呢？"

"那有什么好看的？不就是红绿灯吗。"迈克还是不解。

"孩子，你还不明白。这人生呀，就像那红绿灯，一会儿变红，一会儿变绿。变红的时候呀，就没法动了，动了就会出交通事故；变绿的时候呢，就一路通畅无阻。"老太太顿了顿，"有时你远远看

着那灯是绿的，等车子加速到了跟前，却可能突然就变红了；有时远看是红的，到了跟前就变绿了。有的车到每个路口，都可能是绿灯变红灯，有的车到每个路口，都是红灯变绿灯。可是呀，他们最终都同样离开了这里，朝着遥远的地方去了。有了这红绿的变换，人生的步伐才有快慢调整，人生的景色才有五彩斑斓。为什么要为一次红灯而焦虑不安，或为一次绿灯而兴奋不已呢。"

迈克终于醒悟，原来自己一直在人生的路口撞着红灯，而绿灯总会闪起，远方依然在召唤。带着对老太太的感激，迈克开始了新的努力。

40岁那年，迈克成为了美国最著名的电脑经销商，他拥有亿万家产。在哈佛大学演讲那天，在如雷的掌声中，他没有忘记当年那位房东老太太的教诲。他平静地说道："我只不过是遇上了人生的绿灯而已。"

成功的时候，不要忘记人生还有红灯；失败的时候，不要忘记前面可能就是绿灯。成败体现不出一个人的价值，只是一种规律作用下的必然结果。无论成败，你都有自己的价值，它比单纯的成败更值得重视。

万箭穿心，也要努力活得光芒万丈

任何苦难中都蕴藏着丰富的人生财富，可惜太多的人都只看到了表面的痛楚，一心沉浸在悲伤中，忘记了去穿透那层蒙蔽双眼的沙雾，迎接其深处的灿烂。我们期待着你，脱胎换骨，也同样期待着我们都成为那样一种人，哪怕是万箭穿心，也要活得光芒万丈。

人生就是一场场痛苦的奔赴

杨绛老人说，人生实苦。这恐怕是对生命、对人生最直白的注解。

人生的很多客观事实我们无法选择，也无法逃避，比如生在穷乡僻壤的贫寒之家，成长记忆里多是欲求不得、窘迫不堪，稍微长大，为了能够改变命运翻过身来，不得不跋山涉水经风历雨，整个过程都带着痛苦。

有些人降生的客观条件优越，但主观上仍躲不开苦痛的牵绊。比如跌打损伤、生老病死，比如朋友钩心斗角、恋人背叛，比如天有不测、风云突变。放眼看去，有谁可以一帆风顺畅快自如呢？

人生，其实就是一场场苦痛的奔赴，在奔赴中与痛苦抗争，虽然无法摆脱，却可以减轻。

他还很小很小的时候，就被命运当头击了一棒。家人发现他走路经常撞墙，在医院，他被诊断出患有先天性白内障。妈妈带着他四处寻医，后来动了手术，挽回了一点微弱视力，他能够自由行走了，但细小的东西仍看不到。

老天似乎有意和这个家庭过不去。他读小学的时候，家境还算宽裕，另有房子收租。谁知几年后，家中投资失利，全家人只能靠房租度日。

他 15 岁的时候，更大的厄运降临了。他的眼睛全盲了。对于一个花季少年来说，这是何其的不幸，他一度无法接受这个事实，变得封闭起来，他消沉、暴躁。

幸好，他遇到了音乐，给他黑暗的生命以寄托，赋予了他渡过难关的勇气。他开始接受这个角色，学会用盲杖过马路，听声音坐公车，跟着做水泥工的父亲到工地表演。高三那年，他组建了视障音乐团体"全方位乐团"，他们手搭肩列队去地铁站演唱，常被安保当乞讨者驱赶。

转眼，他毕业了，努力追求着自己的音乐梦想，只是追求着……

有一次，他做水泥工的父亲到著名音乐人黄小琥家做装潢，他向黄小琥求助："我有一个做音乐的儿子，您能不能提拔提拔他？"慷慨仗义的黄小琥赶去他的新歌发布会。"你儿子不用提拔，他很棒！"黄小琥说。从此以后，他跟随着黄小琥，并尽量找机会结识一些音乐人。他珍视每一个机会，随时随地发名片，他走遍各大小社区，也常去校园、工地，找寻演出机会，知名歌手唱 3 首，他就唱 6 首。有时候，他也会觉得梦想似乎遥不可及，但即使遥不可及，他也愿意为之努力。

26 岁时，他终于推出了个人首张专辑《你是我的眼》。他想告诉全世界，他看见了，他要用音乐和所有人打交道，让更多人去

爱、去温暖、去感动。然而，他的呕心之作在当时却只是叫好，并不叫座，他与自己的梦想仍差了一步。

2007 年，林宥嘉在《超级星光大道》翻唱《你是我的眼》，并获得总冠军，作为原唱的他也因此一炮走红，唱片销量陡增 10 倍。电话接连不断地打过来，许多知名歌手都请他为自己写歌。在承受了诸多苦难以后，他终于迎接到了自己的光明。此时，他的心境已接近平和，他写了一封寄给十年后自己的信："你要把握上天给你的一切，爱惜自己的羽毛。就像在运动场上柔道中汲取的精神，可以努力，但要心胸宽广，不要太与人去争，要互相礼让。" 2008 年，他获得"最佳台语专辑奖"。 2010 年，获金曲奖"最佳台语男演唱人奖"。 为黄小琥创作的《没那么简单》，长久稳居 KTV 排行之首，他成为 KTV 歌曲排行榜常胜将军。

他就是新生代实力唱作人领军人物萧煌奇。

生命呈现着两种状态，那就是外在与客观、内在与主观、痛苦与快乐在两种状态里都是对立的，生命本身就在痛苦与快乐之间摆动。

想要彻底摆脱痛苦，大概是不可能了，那就只有面对，接受，然后化解。这其间能丈量生命距离的，就是过程。人生就是一段段痛苦的过程连缀而成，我们品味生命的意义，品味人生的价值，其实就是在给生命过程最完美的解释。生命的意义就在于你能创造这过程的美好和精彩，生命的价值就在于你能够镇静而又激动地欣赏这过程的美丽与悲壮。美丽与悲壮便是生命高贵的另外一种彰显。

人人都有过受伤害的青春

人人都有受过伤害的青春。在那段时间里，我们活得很难受，就像一条离开水的鱼，被压迫的快窒息。可是回过头来看，并不是一无所有的。

她的父亲是个苦力，母亲为人家做帮佣，全家只能勉强生存，所以一出生，她就掉进了苦难里。

6岁时，她随父母移居到非洲的津巴布韦，并在那里上了学。在本应无忧无虑的年纪，她再一次陷入了灾难——她得了眼疾，整个世界都是模糊的，那一年她才12岁，小学还没毕业。母亲带着她离开校园时，她恋恋不舍地几次回头，却再也看不清曾经熟悉的老师和同学。

她很绝望，在模糊灰暗的世界彷徨挣扎，她的心里充满了孤寂与痛苦。为了安抚她的情绪，母亲每天工作回来，都会给她讲一些自己的所见所闻。她一个人在家的时候就把这些听闻编成故事，待父母回来讲给他们听，而她的父母，竟常常被感动得泪流满面。

16岁时，命运微转，她的视力逐渐恢复正常。为了帮助养家，她开始四处寻找工作，最后，去了一个有钱人家当保姆照顾小孩。

这个孩子很顽皮，为了使他安静下来，她就编各种各样的故事讲给他听。有一天，那孩子的父亲听到了她的故事，这位学识渊博的男主人忍不住问道："你讲的故事非常精彩，是在哪本书里看到的？"她扭扭捏捏地说是自己编的。男主人惊讶地对她说："你应该把这些故事都记录下来，说不准你可以成为作家呢。"而她，只当这是玩笑话，她现在面临的最大问题是如何更好地生存下去。

20岁，她结婚，随后便有了孩子。她想，以后应该可以幸福地生活了吧。谁曾想，婚姻成了她生命中的又一个灾难。那个她认为值得依靠的男人，在婚后第三年卷着家里的钱跑得无影无踪了，只给她留下三个嗷嗷待哺的幼子。她的生活再一次崩塌，她不知道自己的未来该如何是好。为了排遣苦闷，她又开始提起笔来写被自己称为故事的小说。写小说，成了可以让她逃避现实、排遣痛苦的方式。

31岁时，望着瘦骨嶙峋的孩子，她做出了一个大胆的决定：离开贫困的津巴布韦，去外面的世界找出路。她带着孩子一路辗转来到英国，下船时已经囊空如洗，背包中只剩下一部反映非洲生活的小说草稿。

看着饿得头晕眼花的孩子，她那颗母亲的心如同刀割。她赌博似的拿着那篇草稿去出版社碰运气，结果处处碰壁，受尽白眼和奚落。没人相信，一个来自非洲的流浪女人可以写出值得一读的小说。但她无路可走，她连放弃的资格都没有，这是她和孩子能够生存下去的唯一机会。她用了半个月时间，敲遍了伦敦所有出版社的大门，最后终于有一家出版社同意以《野草在歌唱》为题出版她的小说。

别说别人，甚至连她自己都没想到，这部非洲题材的小说出版以后竟备受读者追捧，整个伦敦出版界在一夜之间认识了这位带着三个孩子的年轻母亲。

这突如其来的成功，让她找到了人生的希望和方向，她相信凭借手中的笔自己可以写出精彩的人生。她继续创作着，童年以来的苦难与坎坷经历，都成了她的素材。她用17年的时间，创作发表了《暴力的孩子们》《金色笔记》等多部长篇小说。她的作品越来越受到人们的关注，但与此同时，一些诋毁和攻击也如潮水般袭来，有人指责她的小说思维狭隘，有人说她的小说思想偏激，有人干脆说那是垃圾。她充耳不闻，继续自己的创作。她相信，总有一天人们会理解自己的那些故事，并喜欢这些故事。

时光荏苒，她已经变成了白发苍苍的老妇。有一天，她去超市购物回来，发现自家门口挤满了带着摄像机的人。她好奇地问他们："你们是要在这里拍外景剧吗？"这些人告诉她："你获得了诺贝尔文学奖！"她听了后，一脸平淡，宠辱不惊，而人们则呼喊着她的名字：多丽丝·莱辛。

所有的苦难都是暂时的，只要你愿意，结果可以是辉煌的，人生无论经历多少苦难，只要你愿意，都终将完美涅槃。

再坎坷的路，总会有出路

人生因为有进取之心而变得充实，人生因为有进取之心而变得精彩。进取性格的宝贵意义就在于，它能使你无愧于自己的一生，为自己带来成功和欢乐。

有些人，尽管出身寒微，或身患残疾，但她们凭借着进取心，勇敢地挑起了生活的重担，充分地开发和利用了生命中被赋予的巨大潜能，从而成就了一生的梦想。

原 TCL 集团副总裁吴士宏就有着鲜明的进取型性格，她的成功史，是一部坚强女人不畏困难的奋斗史：她没有被疾病吓倒，没有被学习中的困难所累倒，她用超过常人的进取精神敦促自己前进，用自信和坚毅与自己赛跑，从中领悟超越自我的含义。她就像高尔基笔下的那只在暴风雨中迎风飞扬的海燕一样，无畏风雨，于苦难中始终奋发向上。

年幼的吴士宏头脑聪明，胆子大，爱运动。不幸的是，一场大病从天而降，打乱了她原本计划好的一切。整整 4 年，三次报病危，她始终躺在病床上承受着病痛与孤寂的折磨。这场使她身心备受折磨的病，让她恍如隔世。4 年后，她终于从病中得到了解放。大病初愈的她并未因自己的不幸对生活产生怨言，而是觉得自己的生命只能重新开始。于是，从那时开始，吴士宏便萌发了一个想法：要做一个成大事的人。

考大学还有机会，但不属于她。因为她没有钱、没时间。生病的 4 年没有任何收入却花费很多，就算考上大学，没有工资还得自付生活费，太不现实了。于是，她决定选择一条"捷径"——参加高等教育自学考试来彻底改变自己的生活。对吴士宏来说，自学并不是最高效的方式，是因为别无选择。她有一个目标：把病中耗费的 4 年时间补回来。她选了科目最少的英文专业。书可以借一部分，要买的只有几本；要省钱，还可以听收音机。从此，她开始拼命学习，花一年半拿下了大专，吴士宏感触最深的两个字是"真苦"！她每天挤出 10 个小时的时间用在学习上，自考文凭考下来了，她最得意的是"赚"回了点时间。

此后，学业完成后的吴士宏因一个意外的机缘到了 IBM。一开始她做的是行政专员，与打杂无异，什么都干。身处一群无比优越的真正白领阶层中，吴士宏感到了巨大的压力，常常觉得自己没有能力，没有价值。

但吴士宏是一个善于成长的人。她始终不断地学习、实践、超越，再学习、再实践、再超越。刚进 IBM 时，吴士宏几乎什么都不会，连打字都是从头学起，她努力学习一切相关的东西。她开始做销售的时候，感觉到专业知识是第一大障碍，"培训毕业只是个模子，要把客户的具体要求套进去再做出方案来，没那么容易！"

在这过程中，她给自己定下了要"领先半步"的目标，时常还有这样的想法，"不把自己累到极点，就觉得不够努力，对不住自己"。因此，吴士宏在办公室里晕倒过，吐过血，犯过心绞痛；还专门在抽屉里备着闹钟，一个星期总有几次熬到凌晨两三点。就这样，在付出了辛苦和心血之后，她终于发展了第一个大客户——中远。中远的运输公司业务是 IBM 主机，外轮代理全部是 IBM 小型机系列。1994 年，吴士宏去了 IBM 华南公司，她在那里成功地带起了一支队伍，与大家一起成长，一起做出了辉煌的业绩。

　　历史上，所有的成功者之所以能够激发潜能成就梦想，都是因为他们怀有勇敢面对、大胆挑战生命中那些阻碍他们发挥潜能的缺陷和困难的进取心。当一个人怀有强烈的进取心时，那么，在他的人生中，无论遭遇多么恶劣的情况，还是碰到怎样难以克服的障碍，他都会克服一切，找到自己的出路，并实现人生的价值。

无论情况多坏，都还没到认输的时候

每个成功者都有自己的特色，但他们又都有一个共同点——不服输的精神。这个力量不是外力强加的，是内心的力量，这个力量所向无敌。

成功源于不服输，放弃了就是前功尽弃，眼睁睁地看着别人取得胜利。那些成功者们，经历了太多的惊心动魄，即使时过境迁，有很多人已经退出了人生的赛场，这种气质和精神却沉淀了下来，他们的眼神里就透着不服输的精神。

2010 世界杯来临之际，德国战车开足了马力，所有人都摩拳擦掌准备在世界杯上大显身手。然而，就在这最关键的时刻，一个意外差点毁灭了德国队关于世界杯的所有梦想——巴拉克因伤不能出战世界杯。全世界的球迷都知道巴拉克对于德国队有多么重要，曾经有人说这个德国队的精神领袖一个人就可以抵得上半支球队。

遭受了巨大打击的德国队以残缺的阵容开始了世界杯之旅。没有人看好这支本来就状态一般现在又缺少了核心队员的德国队。然而，在接下来的比赛里，所有人都看傻了眼。在这届进球不多比赛

沉闷的世界杯中，德国队不仅每场都有华丽漂亮的进球，而且战胜了一个又一个强大的对手。尤其是年仅 21 岁的穆勒表现得极其出色，无论是进球还是助攻，都成为本届世界杯上最耀眼的明星。

当进入淘汰赛之后不久，德国队遇到了夺冠呼声极高的阿根廷队。阿根廷的潘帕斯雄鹰们不仅拥有梅西这样出类拔萃的球星，还有着几乎无懈可击的攻防能力，在球王马拉多纳的带领下更是一路高歌猛进，几乎无法阻挡。

在这场生死大战之前，有记者采访穆勒，问他是否感受到了巨大的压力，穆勒表情严肃地告诉记者："阿根廷是夺冠的大热门，是一支非常强大的球队，但不管遇到多么强悍的对手，我们都必须选择死战不退，宁可跑断腿，也不能放弃对成功的渴望。"比赛开始之后，穆勒果然表现出了极其强烈的求胜心，几乎是不顾一切地疯狂奔跑进攻着。穆勒不要命的打法让防守他的阿根廷队员们感到了巨大的压力，一时间阿根廷队的后防线险象环生。在穆勒的带领下，德国队彻底爆发了！一轮接一轮如同潮水一样的进攻将阿根廷队的后防线和意志彻底摧毁！

当比赛哨声结束的时候，全世界都被震惊了！德国队以一场大胜向所有人展示了日耳曼人的坚强和勇敢，尤其是穆勒，以自己的表现赢得了全世界球迷的尊重。当他走到场边向观众致谢的时候，全场几万名观众纷纷起立，将掌声和尊敬献给了这位足球场上的英雄！

当本届世界杯结束之后，穆勒凭借助攻次数多的优势，成为

2010年南非世界杯最佳射手，为德国队成功卫冕了世界杯金靴奖。

人生路上，我们总会遇到比自己强大的对手和看似无法战胜的困难，在你几乎认定自己会输的时候，对自己说一句："我不能把胜利拱手相让！"点燃心中的斗志，即使胜算低，也要奋力一搏。

不想看见别人举着奖杯欢笑，而自己只能在角落里羡慕的情景，就要勇敢地迎接挑战，争取成为那个接受鲜花和掌声的胜利者。

灵魂苍凉的时候，还有坚强可以拯救自己

"当灵魂迷失在苍凉的天和地，还有最后的坚强在支撑我的身体，当灵魂赤裸在苍凉的天和地，我只有选择坚强来拯救我自己。"有时候，你真的不得不坚强，因为如果你不坚强，没人会替你勇敢。

陈丹燕老师在《上海的金枝玉叶》中描写了这样一个美丽的女子——郭婉莹（戴西），她是老上海著名的永安公司郭氏家族的四小姐，曾经锦衣玉食，应有尽有。时代变迁，所有的荣华富贵随风而逝，她经历了丧偶、劳改、受羞辱打骂、一贫如洗……一度甚至沦落到在乡下蹚鱼塘、清粪桶，但那么多年的磨难并没有使

她心怀怨恨，她依然美丽、优雅、乐观、始终保持着自尊和骄傲。她有着喝下午茶的习惯，可是家中早已一贫如洗，烘焙蛋糕的电烤炉没了多年，怎么办？这些年她一直自己动手，用仅有的一只铝锅，在煤炉上烘烤，在没有温度控制的条件下，巧手烘烤出西式蛋糕。就这样，几十年沧桑，她雷打不动地喝着下午茶，吃着自制的蛋糕，怡然自得，浑然忘记身处逆境，悄悄地享受着幸福。

这就是坚强，一种生活的态度，淡定而从容。生活就是这样，有时意料之中，有时意料之外。不过悲也好，喜也好，你都得活着，都要面对，等你的年龄到了有资格回味往事之时，你会发现，那正是你的人生。而这一路陪你走来的，不是金钱、不是欲望、不是容貌，恰恰就是你那颗坚强的心。

也许你有些害怕，于是你不想长大，但很多我们不想经历的，终究还是要经历，长大了就是长大了，就要承受很多东西。人生，从来都是苦大于乐、福少于难的，你得学会苦中作乐，因为如果你不坚强，没人替你勇敢。

或许，如果可以，你更愿意每天随心所欲，不用早起，不用在地铁上拥挤，不必看着老板的脸色，在遭遇挫折以后，不需理睬什么"在哪里跌倒就在哪里站起来"，是的，如果可以，你更愿意蹲下来怀抱双膝，慢慢疗伤……可是，人生没有如果，即使有一千个理由让你黯淡消沉，你也必须选择一千零一次的勇敢面对，因为你不坚强，没人替你勇敢。

有时候，看似好友成群，每天的哥们儿义气、姐妹情谊，可是真到了关键时刻，能帮得了自己的却不见一人，所以做任何事情，不要总想着依靠别人，在这个物质至上的社会，你如何百分之百确定那人就是真心助你？所以凡事还得靠自己，因为如果你不坚强，没人替你勇敢。

暴风雨之夜，一只蝴蝶被打落在泥中，它想飞，它拼命挣扎，可是面对狂风骤雨，心有余而力不足。在无数次努力失败以后，它大概打算放弃了，这时，一缕阳光射来，映照着它美丽的翅膀，它再一次选择了坚强，经过一次次试飞，它终于挣脱了泥潭，挥动着仍带有泥点的翅膀，在阳光中散发着七彩的光芒。蝴蝶永远知道：如果它不坚强，没人替它勇敢。

人生的绽放，需要你的坚强，没了坚强，你会变得不堪一击，只有经历地狱般的折磨，才会有征服天堂的力量，只有流过血的手指，才能弹出人世间的绝美音调！

当每天的坚强成为一种习惯，我们便不会再抱怨天地，你会发现生活不过就是那么一回事，有无奈、有愤恨，有不公、有苦痛，用坚强去面对，它们根本不值一提，不过是生命中的一个插曲。

坚强，显然已经成为一种世界的、民族的趋势，从生存到竞技，从灾难到救援，几乎每一个人都在以乐观、进取来表达着坚强，小到一个人，大到一个国家，都在不停地努力付出，一天天让自己变得更好。

卑微到尘埃里，也要开出花来

　　人生，有无数种开始的可能，同样也有无数种可能的结果，今天的强者，若干年前未必不是个弱者，由弱到强的转变，靠的就是那不愿低人一等、不愿随波逐流的人生志气。

　　诺贝尔物理学奖得主威廉·亨利·布拉格发迹之前家境很是贫穷，他的父母很久都不能给他添置一件新衣，而他所在的威廉皇家学院多是衣着考究的富家子弟，唯有他，一身破旧衣衫、一双极大、极不合脚的旧皮鞋。

　　布拉格这身"时髦装扮"在皇家学院显得极不协调，当时，一些纨绔子弟不但对他冷嘲热讽，甚至向学监告布拉格的状，诬蔑他的旧皮鞋是偷来的。为了这个，学监将布拉格叫到办公室，双眼紧紧盯着那双旧皮鞋。天资聪慧的布拉格马上领悟到了什么，他颤抖着将一张纸交给学监。这是布拉格父亲寄来的家信，上面写有这样几句话："孩子，非常抱歉，但愿再过两年，我那双旧皮鞋穿在你的脚上就不会再嫌大……我一直这样想着：若是有朝一日你有了成就，我将感到非常荣耀，因为我的儿子正是穿着我的旧皮鞋奋斗成功的……"

看到这里，学监紧紧握住布拉格的手，满怀感慨地说道："孩子，对不起，是我误解了你！你的父亲虽然没钱，但他对你充满期望。希望你不要辜负他，我会尽我所能去帮助你。"

此时，布拉格再也控制不住自己的情绪，两行热泪顺颊而下。曾几何时，他也抱怨过贫穷，也为之沮丧过，但父亲的谆谆教导……此时又有了学监的热心帮助，是的，绝不能辜负这些对自己充满期望的人，从此他愈发努力起来。

布拉格在 24 岁的时候，就成为数学兼物理学教授，而后，他又在放射线研究等领域获得了巨大成就。成名后的布拉格一直对穿旧皮鞋的经历铭记于心，他时常告诫自己的儿子威廉·劳伦斯·布拉格：饮水思源，不要忘记长辈的贫穷。

受此熏陶，小布拉格与父亲一样，年仅 24 岁就取得了不错的成绩，成为剑桥研究院院士。更让人惊叹的是，后来，父子二人竟同时摘得了诺贝尔物理学奖。

像布拉格一样，并不是每一个显耀的人，都有一个煊赫的家世。父母只负责赐予你生命，他们让你的生命在人类历史上已经有了记载，但接下来能不能把这段历史书写得绚丽，甚至成为传奇，那就全在你自己。你要活着，就应该把自己的思想与生存的时代融合在一起，让自己的身影构成世界上一道独特的风景，让自己的声音伴随着自然的风风雨雨留下不可磨灭的痕迹。无论什么时候，你都不能看低你自己。看低自己，是对父母的侮辱，是对生

命的亵渎。

其实，只要你愿意，太阳就会注视着你，月亮就会呵护着你。你完全可以"自恋"一些，就当那和煦的春风是为你而来，就当那五彩缤纷的鲜花是为你而开，就当那青青河边草是在为你的诗增添意境，就当那高山流水是在见证你生活的足迹，就当那自在漂流的白云是你忠实的幸福信使。这个世界，有一千个、一万个理由让你不要轻贱自己。

让事实变成你喜欢的样子

很多时候，我们都会这样想：如果我出生在一个富贵之家就好了，衣食无忧；如果我的钱再多一点儿，这次投资一定能赚得更多……可是，人生没有如果。

事情是这样，就不会是别的样子。每个人都会碰到一些不快，甚至是痛苦的事情，它们既然是这样，那么就不可能是别的样子，但是我们也可以有所选择：可以接受并适应它，或者干脆就让忧虑和抱怨毁掉我们的生活。

在不能够更改的事实面前，只一味地想着"如果……，如果……"那无疑是非常愚蠢的。并不是每个人都有反抗命运的能力，若是无力反抗，何不坦然接受？有了这样的洒脱，你才能活得幸福快乐。

读过《傅雷家书》的人想必很多，崇拜傅聪的人也定然不少，但说起傅雷的次子傅敏，可能就没有多少人知道了。不知情的人可能会以为，这肯定是个扶不起的阿斗，否则出生在这样一个文化世家，怎么会如此籍籍无名？但《傅雷家书》正是由于傅敏的编撰，才得以传世。

傅敏是个很有艺术天赋的人，但对于这个天赋，父亲傅雷却并不认同。少年时的傅敏也曾为自己抗争过，他要和哥哥傅聪一样，报考音乐附中，但被严父无情地拒绝了，理由是家里只能培养一个音乐家。在那个年代，父亲的话几乎就是圣旨，他无法违逆，于是遵照父命，去教书。

傅雷老先生似乎将全部的爱和关注都给了大儿子傅聪，次子傅敏却连追求所爱的资格都没有，他的一生就被父亲这样独断专行地安排了。很多年以后，已成为著名钢琴家的傅聪在自传中提到，他回国无意中跟弟弟比手，发现弟弟的手比自己更柔软，能够张得更开，这是一双有足够条件成为艺术家的手。

同样的环境，甚至在天赋上更胜一筹，哥哥如此耀眼，自己却被迫放弃梦想，一无所有。想必，傅敏的心一定极度难受吧？但，他说："如今，我是有 20 多年教龄的中学教师了。我深深地爱上了自己的职业。"叶永烈为傅敏写的文章里说，"学生是一团火。一接触天真无邪、活泼可爱的学生，傅敏心中的冰块立即就融化了。"

傅敏这辈子不温不火，如果不是一而再、再而三的重编《傅雷家书》，他的名字几乎不会被大众提及。但他勤勤恳恳，数十年如一日投身教育事业。如果说，当初他是父命难违，心中或许带着不甘和怨愤，后来，他则深深爱上教育，甘之如饴地奉献了一生。他说："我为做一个中学教师而感到自豪。在外国人面前，我总是很响亮地说，我是中国的一个中学教师！"

　　接受事实是克服任何不幸的第一步。即使我们不接受命运的安排，也不能改变事实的分毫，我们唯一能够改变的只有自己的心境。把现在作为新的起点，总结经验，储蓄力量，等待好的时机，相信自己可以在不久的将来把新的梦想实现。即使是不甘心，对那些自己力所不能及的事情进行太多的关注，反而是在浪费时间，耗费不必要的精力。既然得不到你所爱的，就爱你所得的。

无论如何，太阳每天都是新的

　　"After all , tomorrow is another day"，每一个读过美国作家玛格丽特·米切尔的《飘》的人，都会记得主人公思嘉丽在小说中多次说过的话。在面临生活困境与各种难题的时候，她都会用这句话来安慰和开脱自己，"无论如何，明天又是新的一天"，并从中获取巨大的力量。

和小说中思嘉丽颠沛流离的命运一样，我们一生中也会遇到各种各样的困难和挫折。面对这些一时难以解决的问题，逃避和消沉是解决不了问题的，唯有以阳光的心态去迎接，才有可能最终解决。阳光的人每天都拥有一个全新的太阳，积极向上，并能从生活中不断汲取前进的动力。

克瓦罗先生不幸离世了，克瓦罗太太觉得非常颓丧，生活也在瞬间陷入了困境。她写信给以前的老板布莱恩特先生，希望他能让自己回去做以前的老工作——推销世界百科全书。两年前丈夫生病的时候，她把汽车卖了。现在她勉强凑足了钱，分期付款买了一部旧车，又开始出去卖书。

她原想，再回去做事或许可以帮她摆脱颓丧。可是一个人驾车，一个人吃饭，令她无法忍受。有些区域根本就做不出什么业绩来，虽然分期付款买车的数目不大，但是却很难付清。

第二年的春天，她在密苏里州的维沙里市，见那儿的学校都很穷，很难找到客户。她一个人又孤独又沮丧，有一次甚至想要自杀。她觉得成功是不可能的，活着也没有什么希望。每天早上她都很怕起床面对生活。她什么都怕，怕付不出分期付款的车钱，怕付不出房租，怕没有足够的东西吃，怕她的健康情形变坏而没有钱看医生。让她没有自杀的唯一理由是，她担心她的姐姐会因此而觉得很难过，而且她姐姐也没有足够的钱来支付自己的丧葬费用。

然而有一天，她读到一篇文章，使她从消沉中振作起来，使

她有勇气继续活下去。她永远感激那篇文章里那一句令人振奋的话："对一个聪明人来说，太阳每天都是新的。"她用打字机把这句话打下来，贴在车子前面的挡风玻璃上，这样，在开车的时候，随时都能看见这句话。她发现每次只活一天并不困难，她开始学着忘记过去，每天早上都对自己说："今天又是一个新的生命。"这让她成功地克服了对孤寂的恐惧。她现在很快活，也还算成功，并对生命怀抱着热忱和爱。她知道，不论在生活上碰到什么事情，都不要害怕。

在日常生活中可能会碰到极令人兴奋的事情，也同样会碰到令人消极的、悲观的事情，这本来应属正常。

无论是快乐抑或是痛苦，过去的终归要过去，强行将自己困在回忆之中，只会让你备感痛苦！无论明天会怎样，未来终会到来，若想明天活得更好，你就必须以积极的心态去迎接它！你要知道——太阳每天都是新的！